脉冲感应推力器技术

郭大伟　唐雅娟　车碧轩　李小康　杨　雄　◆　著

国防科技大学出版社
·长沙·

图书在版编目（CIP）数据

脉冲感应推力器技术 / 郭大伟等著. -- 长沙：国防科技大学出版社，2025. 6.
ISBN 978 -7 -5673 -0690 -5

Ⅰ. V514

中国国家版本馆 CIP 数据核字第 20253E46N2 号

脉冲感应推力器技术

MAICHONG GANYING TUILIQI JISHU

郭大伟　唐雅娟　车碧轩　李小康　杨　雄　著

责任编辑：朱哲婧

责任校对：胡诗倩

出版发行：国防科技大学出版社　　地　　址：长沙市开福区德雅路 109 号

邮政编码：410073　　电　　话：(0731) 87028022

印　　制：国防科技大学印刷厂　　开　　本：710 × 1000　1/16

印　　张：11. 75　　插　　页：6

字　　数：231 千字

版　　次：2025 年 6 月第 1 版　　印　　次：2025 年 6 月第 1 次

书　　号：ISBN 978 -7 -5673 -0690 -5

定　　价：58. 00 元

网址：https://www. nudt. edu. cn/press/

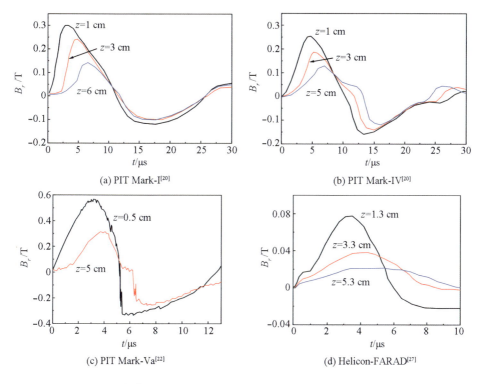

(a) PIT Mark-I[20]

(b) PIT Mark-IV[20]

(c) PIT Mark-Va[22]

(d) Helicon-FARAD[27]

图 1.25　各类 PIT 感应线圈内外径中线处不同轴向位置的径向磁场

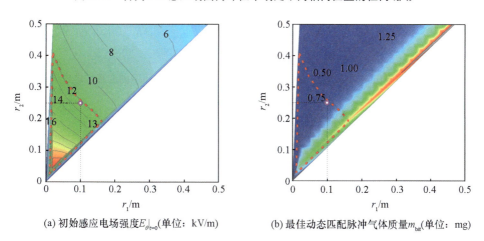

(a) 初始感应电场强度$E_{\theta}|_{t=0}$(单位：kV/m)

(b) 最佳动态匹配脉冲气体质量m_{bit}(单位：mg)

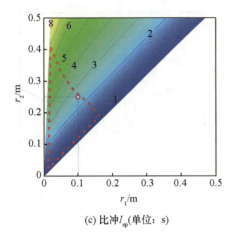
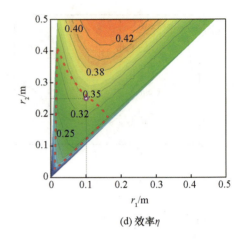

(c) 比冲I_{sp}(单位：s)

(d) 效率η

图 2.5　感应线圈内外径尺寸优化设计结果

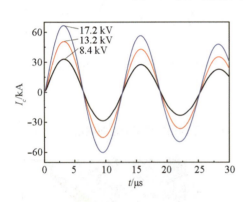
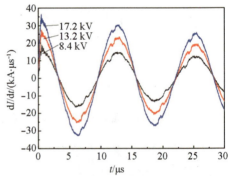

图 2.7　不同电压下的空载放电电流　　图 2.8　不同电压下的空载放电电流陡度

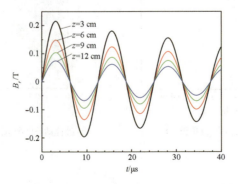

图 2.10　不同轴向位置的径向磁感应强度B_r随时间变化曲线

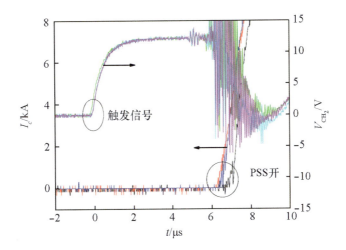

图 2.14 PSS 触发信号与放电电流曲线

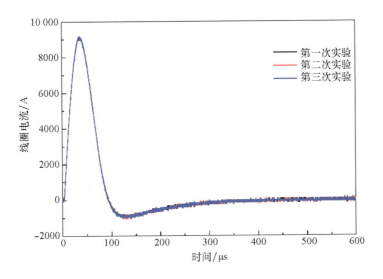

图 3.21 线圈电流

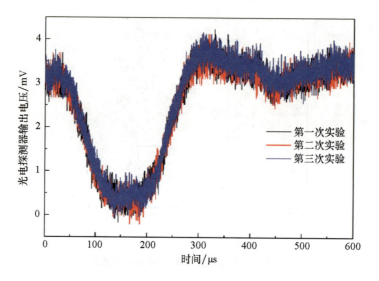

图 3.22　光电探测器输出电压

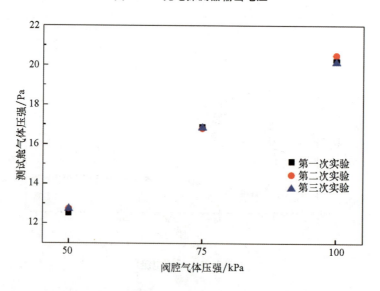

图 3.23　不同阀腔气体压强下的测试舱气体压强

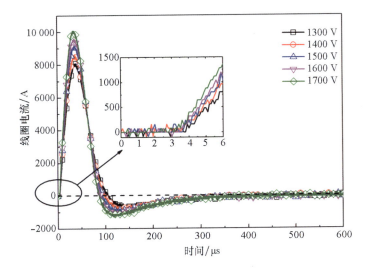

图 3.24　不同驱动电压下线圈电流波形

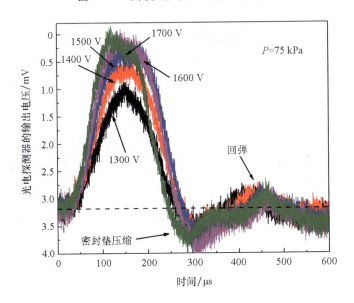

图 3.25　不同驱动电压下光电探测器的输出电压

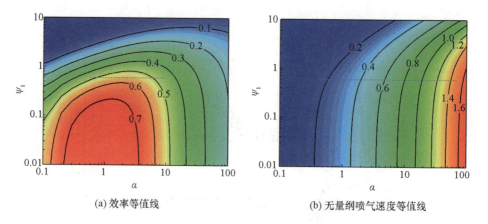

(a) 效率等值线　　　　　　　　(b) 无量纲喷气速度等值线

图 3.32　不同参数下推力器的效率和无量纲喷气速度等值线

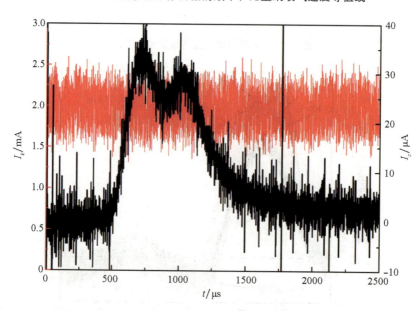

图 3.33　瞬态测量时快速电离规典型电流信号

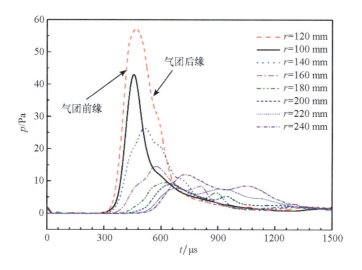

图 3.36   z = 26 mm 处气体压强径向分布

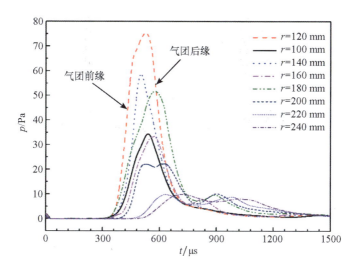

图 3.37   z = 14 mm 处气体压强径向分布

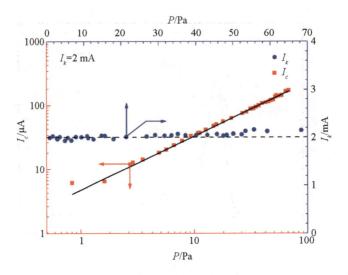

图 4.12　电离规对 Ar 的稳态校准曲线

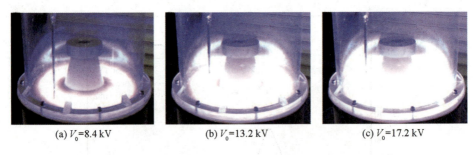

(a) V_0=8.4 kV　　　　(b) V_0=13.2 kV　　　　(c) V_0=17.2 kV

图 5.4　气体放电长曝光照片(Ar 工质,p_0 = 80 Pa,ISO = 400,f = 1/9.0)

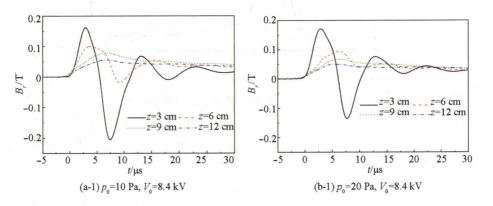

(a-1) p_0=10 Pa, V_0=8.4 kV　　　　(b-1) p_0=20 Pa, V_0=8.4 kV

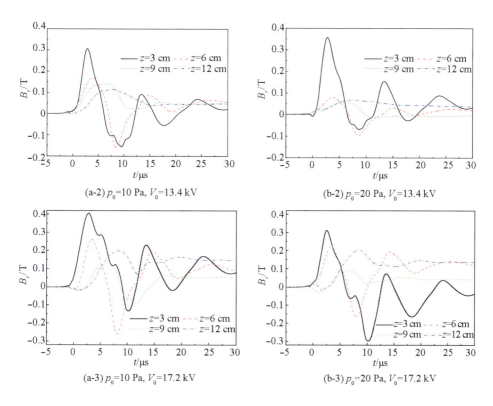

(a-2) p_0=10 Pa, V_0=13.4 kV

(b-2) p_0=20 Pa, V_0=13.4 kV

(a-3) p_0=10 Pa, V_0=17.2 kV

(b-3) p_0=20 Pa, V_0=17.2 kV

图 5.10 稳态连续供气产生电流片时不同轴向位置处径向磁感应强度 B_r 随时间变化曲线

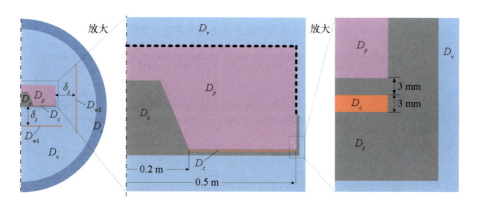

图 6.1 数值模拟对象的几何域和计算域划分

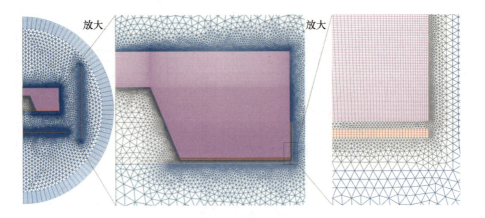

图 6.8　计算域网格划分

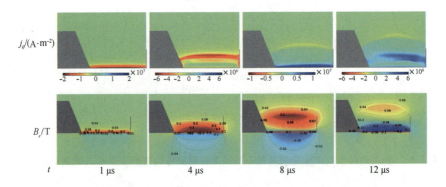

图 6.15　径向磁通密度与气团中角向电流密度分布的时域演化

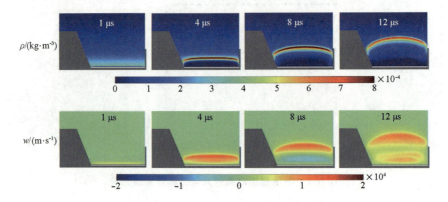

图 6.16　气团密度和轴向速度分布的时域演化

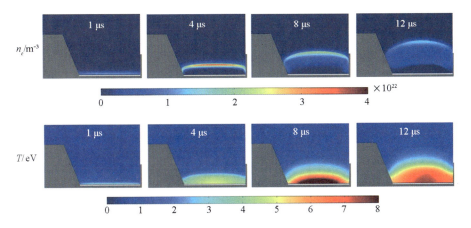

图 6.17　气团电子数密度和温度分布的时域演化

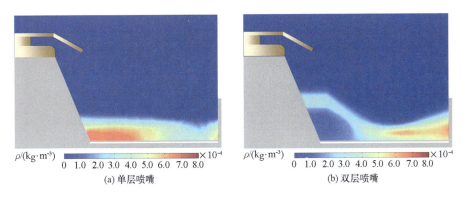

图 6.27　不同推进剂供给方式对应的初始气体密度分布

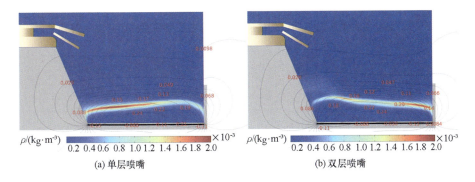

图 6.28　不同推进剂喷注方式下 $t = 5$ μs 时刻的电流片结构

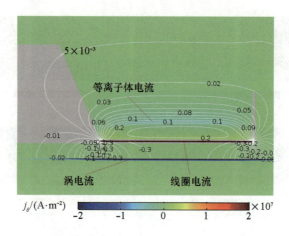

图 6.31　共地板与气团中的电流密度 j_θ 分布及径向磁感应强度 B_r 等值线图

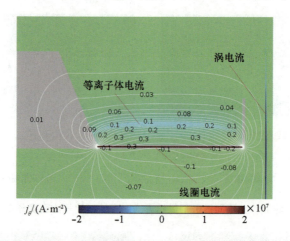

图 6.32　真空模拟舱壁与气团中的电流密度 j_θ 分布及径向磁感应强度 B_r 等值线图

CONTENTS

目录

第 1 章　绪　论

脉冲感应推力器具有无电极、推力（功率）变比大、寿命长、推进剂工质兼容性好等优点，是目前高功率电推进研究的热门领域。高品质脉冲气体喷注是脉冲感应推力器研究中亟待解决的技术问题。本章以此为背景，介绍了脉冲感应推力器的概念、研究意义，及其各类相关技术的关键成果。

1.1　脉冲感应推力器概念与研究意义

电火箭发动机是使电能沉积到工质中形成高速射流而产生推力的喷气推进装置。与成熟的高性能化学火箭发动机相比，电火箭发动机的比冲可明显提高数倍。目前，实用的电火箭发动机主要是栅格型离子推力器和霍尔推力器，已经应用于航天器的位置保持、轨道转移、轨道维持等任务[1-5]。

随着人类对太空探索和利用的深度、广度增大，近地空间航天器大机动、地月和行星际货物运输、深空探测等任务都对电火箭发动机提出了更大功率、更高比冲、更长寿命的需求。同时，近年来太空大功率太阳能发电、太空核反应堆发电等方面的技术进步，使大功率电火箭推进系统的发展具备了电力技术基础。新兴任务需求和相关技术进步，牵引和推动了下一代电火箭发动机技术的研究。

离子推力器和霍尔推力器都是静电型推力器，推力面密度在数牛顿到数十牛顿每平方米之间，其中大孔径霍尔推力器的单台推力已经达到数牛顿每平方米。然而，放大尺寸的单台或多台静电型推力器阵列等兆瓦级以上的大功率电火箭推进系统，其平面尺寸和体积都几乎难以被航天器总体接受。因此，基于洛伦兹力加速原理的电磁式电火箭发动机成为兆瓦级功率电火箭推进系统的主流发展方向[6-8]。

脉冲感应推力器（Pulsed Inductive Thruster，PIT）是一种电磁式电火箭发动机，也称为感应式脉冲等离子体推力器（Inductive Pulsed Plasma Thruster，

IPPT）。其主要组件包括：多支导线构成的圆环形平面感应线圈，表面覆盖绝缘板；位于圆环面中央并法向耸立的气体喷注器；电容器组；电源开关。PIT基本工作原理如图 1.1 所示。推力器工作时，气体从喷注器顶端的喷嘴喷出并沿着圆锥台的侧面向下流动，遇到嵌装线圈的绝缘板时流动方向转折，变为沿着半径方向朝外缘流动。气流前缘到达线圈外边缘时，其后缘刚好到达绝缘板内缘。这时电源开关闭合，电容器组通过线圈放电。快速增长的脉冲电流在线圈附近空间激发径向磁场和涡旋电场，使气体电离并在其中产生圆环形薄片状涡旋电子电流层，电子电流层在径向磁场中受到洛伦兹力作用，整体向远离线圈的方向加速运动并带动重的离子、裹挟中性气体喷射，从而对感应线圈产生反冲作用[9]。

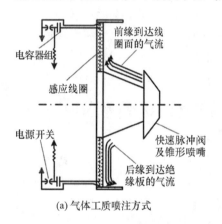
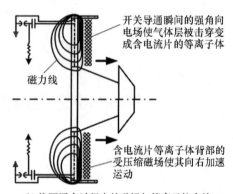

（a）气体工质喷注方式　　　　　（b）线圈通电过程中的磁场与等离子体电流

图 1.1　脉冲感应推力器工作原理示意图

PIT 具有以下优势：

（1）作为一种电磁式电火箭发动机，其推力的面密度可达现有的离子推力器和霍尔推力器的数百倍，经初步实验验证，其具备高比冲（$I_{sp} = 1000 \sim 10\,000$ s）特性。

（2）通过电磁场感应方式对工质进行电离和加速，电流成形电路的电极烧蚀不同于必须直接沉浸在推进剂中的电极烧蚀问题，其侵蚀效应可得到更灵活抑制，预期寿命长；同时避免了电极与推进剂的相容性问题，使得推进剂的选择范围更广，H_2O、CO_2、NH_3 等均可作为推进剂。

（3）工作方式为脉冲式，脉冲周期约为数微秒，比冲和效率等性能参数由单个工作周期决定；在保持比冲和效率不变的前提下，可通过改变脉冲重复频率实现较大范围内的推力平均和功率调节，具有极强的任务适应性。

PIT 的概念最早由汤普森·拉莫·伍尔德里奇（Thompson Ramo Wooldridge，

TRW）公司的研究人员提出，主要贡献人为 Dailey 和 Lovberg。20 世纪 60 年代，TRW 公司的研究集中在脉冲感应加速基础性物理问题上，所采用的平面脉冲感应加速器线圈外径为 20 cm 和 30 cm，实现的加速效率都低于 20%，探索了脉冲感应加速器作为推力器的可行性，并通过加入气体脉冲供给装置，于 1970 年正式提出"脉冲感应推力器"这一术语。70 年代至 90 年代初期，TRW 公司继续改进 PIT 的设计，发展了表征推力器性能与感应线圈尺寸、输入能量关系的标度律，试制和实验推力器的主要特征是采用了外直径 1 m 的感应线圈。到 90 年代中期，推力器实验中产生的标志性结果包括：1979 年最大效率达到 38%，对应比冲为 1700 s；1993 年最大效率约 50%，比冲为 4000 ~ 8000 s。以上研究和结果都是基于推力器单脉冲工作状态的，截至 90 年代中期，PIT 的最高性能参数如表 1.1 所示。1999 年 TRW 公司与 NASA 合作，开发和测试飞行验证状态连续重复脉冲工作的 PIT，但地面实验结果表明没有达到预期。2005 年，NASA 开始资助带预电离装置的低能 PIT 技术探索。

表 1.1　感应线圈直径 1 m 的 PIT 最高性能参数

推进剂	比冲/s	最大效率/%
NH_3	3000 ~ 8000	50
N_2H_4	2500 ~ 5000	40
Ar	1000 ~ 2000	20 ~ 30
CO_2	1000 ~ 200	20 ~ 30

　　PIT 的研究从概念提出到技术探索，时间跨度超过 60 年，展示了巨大的工程难度和顽强的技术生命力，因此具有较大的学术意义和实用价值。

1.2　脉冲感应电路技术

　　本节主要介绍脉冲感应电路技术的演变。脉冲感应电路的组件包括线圈导线、电容器、开关。线圈导线的支数和导线的旋绕构型，电容器和开关的数量，电容器、开关和各支导线的连接构型，这些要素决定了脉冲感应电路的特性。
　　根据感应线圈的单支导线从外缘伸展到内缘的旋绕角度以及导线之间排列构型，简单分为双螺旋线并排、单螺旋线并排、多段螺旋线交叉等平面线圈构型，以及锥台侧面线圈构型等。为方便对比，各推力器的结构、工作与性能参数等归纳在表 1.2 中。

表 1.2　各型 PIT 参数特征对比

年份	型号	线圈参数 D_i / m	D_o / m	w / 圈	Θ / rad	L_c / nH	z_0 / cm	L_0 / nH	电路参数 C / μF	V_0 / kV	E_0 / J	I_m / kA	$(dI/dt)_m$ / (kA/μs)	$E_\theta|_{t=0}$ / (kV/m)	推进性能 I_{sp} / s	η / %	备注
1971	0.2m-Accelerator	0.06	0.2	2	2π	460	2	60	3.9	12	280	32	23	27	1470	18	并联小电容预电离
1973	0.3m-Accelerator	0.08	0.3	2	2π	680	3	120	6	15	675	32	19	24	1200	5	无预电离
1979	1m-Accelerator	0.4	1	1	2π	760	10	120	20	22	4840	100	26	10	1470	18	反向线圈先导短脉冲预电离
1987	PITMark-I	0.4	1	1	2π	700	12	60	20	26	6760	118	30	11	1236	25	大尺寸感应线圈
1987	PITMark-II	0.4	1	1	2π	700	12	60	20	26	6760	118	30	11	1897	29	轴向双层喷嘴注入器
1987	PITMark-III	0.4	1	1	2π	700	12	60	16	26	5480	105	30	11	—	—	
1988	PITMark-IV	0.28	0.67	1	2π	520	8	120	17.4	20	3480	98	31	12	820	15	无钳位振荡模式
									13.4	22	3240	87	31	12	390	11	二极管钳位模式
1991	PITMark-V	0.4	1	2	π/2	680	10	60	4.5	30	2025	42	13	18	1700	25	Marx 发生器型电路
1991	PIT Mark-Va	0.4	1	2	π/2	680	10	60	9	30	4050	112	48	18	>5000	50	NH₃ 工质，目前最高性能
2004	PITMark-VI	0.4	1	2	π/2	680	10	60	9	30	4050	80	48	18	2750	19	NH₃ 工质，水冷线圈，开关故障
2005	PITMark-VII	—	—	—	—	—	—	—	—	15	—	21	27	—	—	—	测试固体开关阵列
2004	Helicon-FARAD	0.06	0.2	1	π/2	20	2	90	39.2	2	78	31	18	5	<1000	<5	稳态螺旋波预电离
2007	VIC-FARAD	0.12	0.3	2	2π	700	3	70	10	3	45	93	3	4	—	<5	脉冲射预电离
2015	IPPT	0.1	0.27	2	2π	705	2.8	336	10	2	20	5.3	1.8	2.5	—	<5	直流辉光放电预电离

注：(1) $E_\theta|_{t=0}$ 采用文献 [58] 中的理论公式计算，为方便对比，对所有推力器采用感应线圈内外径中线位置，距离感应线圈表面 5 mm 处的计算结果；(2) 由于各型推力器在实验测试过程中采用过不同类型的工质、电容、电压及供气方式，如未特殊说明均为脉冲气体喷注方式，为方便对比分析，对推力器的性能评估中采用磁场探针数据间接估算针对数据进行理论计算；(3) 对推力器的性能评估或推力器公开报告无法获得足够的支撑数据表得均量冲量与冲量会冲量直接测量两种方法，本表中相关数据均取自后者；(4) "—" 表示未见数据或无法获得足够的支撑数据无法进行理论计算。

1.2.1 双螺旋线并排平面构型感应线圈推力器

双螺旋线并排平面构型感应线圈是 Dailey 和 Lovberg 研究平面感应加速器中的等离子体电流片结构、特性及离子在电流片中所起的作用等物理问题时采用的线圈构型[10-12]。如图 1.2 所示，TRW 公司 1970 年首次提出的带有脉冲气团喷注装置的 PIT 就是基于该构型[13]，其主要技术特征和参数如下：一个外直径 20 cm 的平面感应线圈，包含 9 支导线，每支导线都从圆面外缘起始以螺旋线形状旋绕两圈伸展到圆心（或圆环形线圈的内圆），各支导线在外缘的端点周向均布；9 支导线共用单一的火花隙开关并与电容器连接；电容器组的总电容量 $C = 3.9$ μF，充电至电压 $V_0 = 12$ kV 时的储能总量为 $E_0 = 281$ J；线圈自感 $L_C = 460$ nH，除线圈外的放电电路，其他部分的寄生电感 $L_0 = 60$ nH。1971 年，改进了推力器的脉冲气团喷注装置，如图 1.3 所示。在单脉冲气团质量 $m_{bit} = 90 \sim 1200$ μg 和电容器组总电容量 $C = 1.75$ μF 或 3.9 μF 的参数组合范围内，分别以 Ar 和 N_2 为推进剂进行了性能测试，采用冲量台架测量单脉冲冲量 I_{bit}。实验结果表明，以 Ar 为推进剂时，最大效率 $\eta = 5\%$，对应的比冲 $I_{sp} = 1200$ s。同期还研究了在主放电电容器上并联一个电容量 $C = 0.04$ μF 的小电容器以提供额外电压过冲、增强初始电离的改进方案，实验结果表明，此时最大效率 $\eta = 18\%$，比冲 $I_{sp} = 1480$ s[13-14]。

图 1.2　线圈直径 20 cm 推力器（1970 年）　图 1.3　线圈直径 20 cm 推力器（1971 年）

1973 年，Dailey 等组装和测试了一型配备 30cm 直径感应线圈的推力器，其电路参数如下：主电容器组总电容量 $C = 6$ μF，充电电压 $V_0 = 15$ kV，总储电能量 $E_0 = 675$ J；感应线圈包含 12 支导线，每支导线都从圆环面外缘起始以螺旋线形状旋绕两圈伸展到圆环形线圈的内圆，线圈自感 $L_C = 680$ nH；电路中其他部分的电感 $L_0 = 120$ nH。实验研究获取性能参数的方法如下：通过探针测量得到电流密度分布及磁场强度分布后计算洛伦兹力分布，进而得到推力 – 时间曲线；对推力在时间域上积分得到单脉冲冲量 I_{bit}。实验研究了 N_2、Ar、Xe 三种推进剂，对比了感应线圈沉浸在稳态气团和脉冲气团喷注两种供气方式的不同，以及直接在感应线圈中施加先导短脉冲电流、感应线圈与喷注器之间的气团流动路径上增设辅助线圈并在其中施加短脉冲电流的预电离方案的不同（根据预电离储能电容量大小的差异，又具体划分为 4 种预电离方案）。实验结果表明，线圈直径 30 cm 加速器在各工作参数组合下的测试性能均优于线圈直径 20 cm 加速器；特别地，采用脉冲气团喷注且辅助线圈预电离方案，加速器效率 $\eta = 18\%$，对应的比冲 $I_{sp} = 1470$ s；感应线圈中施加先导短脉冲电流会将部分工质提前推离线圈表面，反而不利于主放电电流对推进剂的加速[15]。

1.2.2　单螺旋线并排平面构型感应线圈推力器

受到感应线圈面积增大后性能提升的启发，Dailey 和 Lovberg 于 1979 年将线圈外径增大至 1 m。该感应线圈包含 36 支单匝螺旋线形状导线，即每支导线都从圆环面板外缘起始以螺旋线形状旋绕 360° 伸展到圆环面板的内圆；36 支导线共用单一的火花隙开关与电容器连接；线圈自感 $L_C = 760$ nH；线圈电流与放电气团之间的解耦距离 $z_0 = 10$ cm；除线圈外的放电电路电感 $L_0 = 120$ nH。储能电容器的电容量 $C = 20$ μF，充电至 $V_0 = 20$ kV 时的存储电能 $E_0 = 4000$ J。对该推力器实验仅采用脉冲供气方式，且未采用任何预电离技术[16]。实验研究获取性能参数的方法包括用探针数据间接计算[17]及冲量台架直接测量两种方案[18]。实验数据表明：在储能电容器充电电压 $V_0 = 20$ kV 和脉冲气团质量 $m_{bit} = 17$ mg 的条件下，冲量台架测得的脉冲冲量 $I_{bit} = 0.21$ N·s，对应最大效率 $\eta = 25.4\%$ 以及比冲 $I_{sp} = 1236$ s。

1982 年至 1987 年，TRW 公司先后研制了 Mark-I（见图 1.4）至 Mark-III 三型 PIT，除 Mark-III 采用不同容量的电容器组外，三台推力器在感应线圈结构及脉冲成形电路构型上完全一致。

其中，Mark-I 的感应线圈含 36 支单匝螺旋线形状导线：相邻两支导线的端头间隔 10°；每支导线的螺旋线始于内半径 0.2 m 处，旋绕 360° 后止于外半径 0.5 m 处；在边缘处，两端的线头都沿着半径方向向内后弯折并连接到 36 个同轴电缆接线端之一上。这样构型的感应线圈中放电电流是纯粹沿角向均匀分布的。在距离外缘且沿着半径方向的 6 cm 距离上，导线的螺旋倾斜角度减小以使电流密度加倍，补偿在线圈边缘由场发散引起的磁压降低。该线圈不同于前文所述 Dailey 和 Lovberg 在 1978 年研制的 1 m 外径加速器所采用的阿基米德等速螺旋线，它嵌在固化树脂中并在朝向气体的表面粘贴一层绝缘薄膜。经实验测量，感应线圈自感 $L_C = 700$ nH，电路其他部分的寄生电感约 $60 \sim 80$ nH；线圈与放电气团之间的解耦距离 $z_0 = 12$ cm；全电路的电阻 $R = 7$ mΩ。Mark-I 采用的单个储能电容器电容量 $C = 5$ μF，电容器组总电容量 $C = 20$ μF；最高充电电压 $V_0 = 26$ kV，对应的储能量 $E_0 = 6760$ J；4 个电容器并联共用一个火花隙开关与感应线圈的导线连接。Mark-I 实验的冲量台架测量结果表明：以 Ar 为推进剂，充电电压 $V_0 = 26$kV，脉冲气团质量 $m_{bit} = 12$ mg，最大效率 $\eta = 29.1\%$，比冲 $I_{sp} = 1897$ s；以 NH$_3$ 为推进剂，充电电压 $U = 24$ kV，放电能量 $E = 5760$ J，脉冲气团质量 $m_{bit} = 5$ mg，最大效率 $\eta = 31.9\%$，比冲 $I_{sp} = 2766$ s[19]。

1988 年研制的 PIT Mark-IV（见图 1.5），测试了在电容器组两端反向并联钳位二极管的电路结构。PIT Mark-IV 的感应线圈包含 24 支单匝螺旋线形状导线，线圈外径 0.67 m，其线圈自感 $L_C = 520$ nH，解耦距离减小到 $z_0 = 8$ cm，除线圈外的电路电感 $L_0 = 120$ nH。钳位模式下，电容器组的电容量 $C = 13.4$ μF，储能充电电压 $V_0 = 22$ kV；振荡模式下，$C = 17.4$ kV、$V_0 = 22$ kV。实验研究前，研究人员原本预期二极管钳位能够抑制电容器上的电压逆转，从而延长电容器寿命，同时还能保持和延长主电流脉冲、增强加速效果，但实验结果表明：PIT Mark-IV 工作在钳位模式的性能远低于振荡模式；而振荡模式下以 Ar 为推进剂的最大效率 $\eta = 15\%$，对应比冲 $I_{sp} = 820$ s，远逊于 PIT Mark-I[20]。

图 1.4　PIT Mark-I (1987 年)

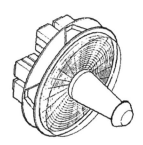

图 1.5　PIT Mark-IV (1988 年)

1.2.3 多段螺旋线交叉平面构型感应线圈推力器

TRW 公司于 1991 研制的 PIT Mark-V，首次采用双级 Marx 发生器型电路；包含 9 匝放电回路，每匝回路由 2 支和 4 段螺旋线、2 个火花间隙开关、2 个电容器串联而成；通过调整火花隙开关的气体压强实现 18 个开关的同步导通；单匝回路中的 2 个电容器串联同步放电，使得加载在单匝线圈两端的等效电压为单个电容器充电电压的 2 倍，大幅度提高初始电流陡度。单匝线圈的绕制形式如图 1.6（a）所示，每支导线先从圆环面板外缘起始以螺旋线形状旋绕四分之一圈伸展到圆环面板的内圆，再从板的背面以螺旋线形状旋绕四分之一圈伸展到圆环面板的外缘。含 9 个单匝线圈的完整感应线圈构型如图 1.6（b）所示，感应线圈外径仍然为 1 m，线圈自感 $L_C = 740$ nH，与电流片的解耦距离 $z_0 = 12$ cm；电路其他部分的寄生电感 $L_0 = 60$ nH；电容器组的总电容量 $C = 4.5$ μF，充电电压 $V_0 = 30$ kV 对应的总储电能量 $E_0 = 2025$ J[21]。

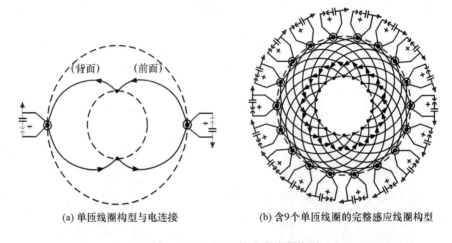

(a) 单匝线圈构型与电连接　　　　(b) 含9个单匝线圈的完整感应线圈构型

图 1.6　PIT Mark-V 的感应线圈构型

采用单个电容量 $C = 2$ μF 的电容器的 PIT Mark-V 被命名为 PIT Mark-Va（见图 1.7），单个电容器充电电压 $V_0 = 16$ kV 对应的电容器组总储电能量 $E_0 = 4608$ J。测试结果表明：PIT Mark-Va 达到了迄今为止最为优异的性能，以 NH_3 为推进剂的比冲为 $5000 \sim 9000$ s，最大效率能保持在 50% 左右[22]。

PIT Mark-Va 的成功激励 TRW 公司进一步推动 PIT 的工程化。2004 年，PIT Mark-VI（见图 1.8）在保持与 PIT Mark-Va 完全相同的感应电路构型及参数的同时，针对连续工作时的冷却问题，采用主动水冷的空心铜管代替实心导线制作感应线圈。该推力器在相同工作参数下的实验测试结果为：最大效率 $\eta = 18.9\%$，比冲 $I_{sp} = 2750\ s$，远逊于 PIT Mark-Va。后续测试发现，PIT Mark-V 的火花间隙开关组存在同步性失效问题。此外，由于火花间隙开关存在显著的电极烧蚀问题，难以满足长时间太空运行的寿命需求，故同一时期 TRW 公司在 PIT Mark-VII（见图 1.9）项目中测试了不同类型的固体开关。结果表明：当时市售的各类固体开关单件均难以满足其放电参数指标（主要是峰值电流和电流陡度的指标）；而采用多开关阵列时，其触发同步性同样存在较大困难。最终，TRW 公司采用 ABB 公司生产的五只 5SHX 14H450X 型晶闸管实现了对单个 $1.5\ \mu F$ 电容器在 $V_0 = 15\ kV$ 下的脉冲放电，峰值电流达到 21 kA，最大电流陡度约 27 kA/μs[23-24]。

图 1.7　PIT Mark-Va　　　图 1.8　PIT Mark-VI　　　图 1.9　PIT Mark-VII 测试的

（1993 年）　　　　　　（2004 年）　　　　　固体开关整列模块（2004 年）

　　2004 年，NASA 启动先进电推进技术项目，资助下一代大功率（100 kW 以上）电火箭推进系统的概念验证，Northrop Grumman 公司承担核电 PIT（Nuclear-power PIT，NuPIT）的技术研发工作（见图 1.10）。按照当时设想，

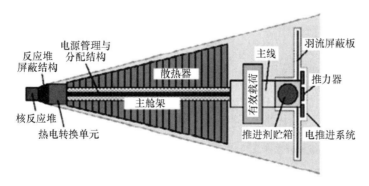

图 1.10　预想中核反应堆供电的 NuPIT 推进系统（2030 年）

NuPIT 通过太空大功率核反应堆提供电力，采用门极可关断晶闸管控制放电过程从而实现放电能量的回收，设计效率 $\eta = 70\%$，对应比冲 $I_{sp} = 3000 \sim 10\ 000\ \mathrm{s}^{[7,25]}$。

1.2.4 带预电离装置以及锥筒形感应线圈的脉冲感应推力器

PIT Mark-Ⅰ~Mark-Ⅶ系列推力器都仅依靠单个电流脉冲同时实现对中性气体的电离和加速，此时储能电容器的充电电压 $V_0 = 30 \sim 40\ \mathrm{kV}$，导致电容器组的质量和体积相对较大，因此该系列推力器的研发主要针对大功率电火箭推进系统。

为实现 PIT 的低功率化，美国普林斯顿大学 Choueiri 等于 2004 年提出射频辅助放电法拉第加速器（Faraday Acclerator with Ratio-frequency Assisted Discharge，FARAD）概念：先采用射频使推进剂预电离，再由附加磁场将等离子体引导至感应线圈表面，最后通过线圈感应电流片实现对等离子体的加速[26]。Polzin 等首先测试了采用稳态螺旋波（Helicon）放电预电离的 Helicon-FARAD 实验装置（见图 1.11）：感应线圈外径 0.2 m，由 12 支导线组成，导线的旋绕形式与 PIT Mark-V 的相同；储能电容器的总电容量 $C = 39.2\ \mu\mathrm{F}$，总储电能量 $E_0 = 44 \sim 78.5\ \mathrm{J}$；射频电源输出功率为 $500 \sim 1000\ \mathrm{W}$。Helicon-FARAD 成功产生了感应等离子体电流片结构，并显示出电流片对线圈磁场的屏蔽效果及对等离子体的加速效果[27]。

Helicon-FARAD 概念验证了预电离方案降低 PIT 工作电压和能量水平的可行性，但 Helicon-FARAD 所采用的预电离级为稳态工作，与加速级的脉冲工作特性不匹配。Polzin 等陆续开发了采用矢量逆变发生器（Vector Inversion Generator，VIG）产生脉冲射频电磁场进行预电离的 VIG-FARAD 推力器（见图 1.12）[28-30]

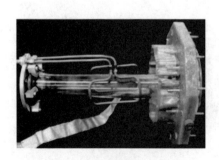

图 1.11 采用螺旋波预电离的
FARAD 推力器（2004 年）

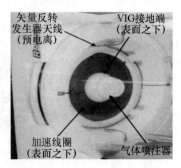

图 1.12 采用 VIG 预电离的
FARAD 推力器（2007 年）

和采用直流辉光放电进行预电离的感应式脉冲等离子体推力器（见图 1.13）[31]。

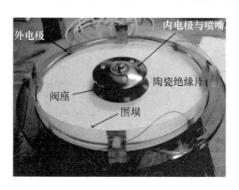

外电极　内电极与喷嘴　陶瓷绝缘片　阀座　围坝

图 1.13　采用直流辉光放电预电离的 IPPT（2015 年）

日本东海大学的 Komurasaki 等提出了与 FARAD 类似的感应射频等离子体推力器（Inductive Radiofrequency Plasma Thruster，IRFPT）概念：先采用射频天线从感应线圈前方对推进剂进行预电离，再通过平面感应线圈中的脉冲电流加速等离子体。其感应线圈直径约 20 cm，采用的电容器组电容量 $C = 0.4$ μF，充电电压 $V_0 = 1$ kV，储电能量 $E_0 = 0.2$ J。其实验测量结果表明：感应生成的等离子体电流环获得约 4.5 km/s 的最大轴向速度[32]。

Choueiri 等还研究了锥筒形感应线圈 IPPT 的性能，但相关理论分析及实验研究均表明：平面式感应线圈具有相对最好的加速效果[33-36]。

以上各类实验结果表明：无论如何优化感应线圈外形，也不论采用何种预电离技术（射频、微波及直流辉光放电等），低放电电压和小放电能量 PIT 的最大效率均难以超过 5%。

2019 年，Turchi 等提出将 PIT 作为初始等离子体源的大功率电火箭推力器方案[37]，如图 1.14 所示。PIT 喷射的等离子体团被锥筒形箍缩线圈进一步压

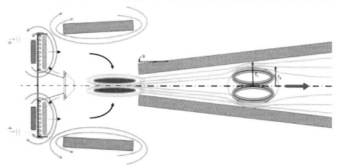

图 1.14　基于脉冲感应等离子团的大功率电火箭推力器方案

缩为场反构型（Field Reversed Configuration，FRC）等离子体团，再通过磁喷管获得加速从而产生推力。

1.3 脉冲气团喷注技术

脉冲气团在感应线圈表面空域中的分布情况直接影响推力器的比冲和效率，既往的理论和实验研究已经表明，在感应线圈参数及驱动电路参数一定的前提下，由喷注器喷注的脉冲气团总质量应与推力器放电能量相匹配，并且推力器点火时，脉冲气团应径向均匀地压缩在紧贴感应线圈表面的解耦区域内，这些要求促进了脉冲气团喷注技术的发展。

1.3.1 小尺寸 PIT 的气团喷注技术

TRW 公司在 1970 年开发了第一款脉冲供气的 PIT 原理样机，推进剂气体通过紧贴线圈表面的径向喷嘴喷注，用以产生脉冲气团的脉冲阀为 U 型电磁铁式提升阀，其结构如图 1.15 所示。阀中的衔铁一端与密封盘连，另一端与轻质杆相连，而杆的另一端固连在圆盘形簧片上。簧片初始变形所产生的弹性力通过杆作用在衔铁上，使密封盘压紧阀出口处的 O 形圈实现阀腔气体密封。脉冲阀的工作原理如下：电磁铁线圈通过脉冲电流时，衔铁受到的电磁铁吸力逐渐增大，直到大于簧片的弹力时阀打开，阀腔中的高压气体先经阀口再经喷嘴喷注到线圈表面；随着电磁铁线圈中电流的衰减，电磁力减小；当衔铁所受电磁力不足以克服簧片的弹性力时阀开始闭合，直到密封盘与 O 形圈再

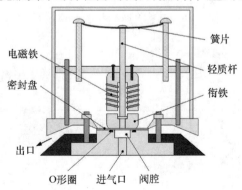

图 1.15 1970 年 PIT 样机喷注器结构示意图[90]

次压紧形成密封时，气体流动被切断，阀完成一个工作脉冲。该阀的衔铁行程可调，即阀口最大开度可调；同时，调节簧片的初始变形量可实现对密封压力的调节，进而实现对阀腔蓄气最大压力的调节。

文献［13］给出阀的响应特性和脉冲气团在线圈表面的分布特性的测量结果：在衔铁与电磁铁间距离为 0.4 mm 的条件下，阀的作动延迟时间约为 250 μs，开启运动时间约为 120 μs，总通流时间约为 500 μs；当推进剂为 Ar 并且阀腔蓄气压强为 14 kPa 时，推力器线圈表面气体的最大压强仅为 2 Pa 左右。由于没有对喷注器做设计优化，脉冲气团在感应线圈表面未达到较理想的分布：脉冲气团主要聚集在喷注器的出口处，整个喷注过程中最多约 30% 的气体出现在线圈的有效加速区域内。当阀腔蓄气压强分别为 344 kPa 和 117 kPa 时，冲量台架的测试数据表明：相同比冲条件下，较高阀腔气体压强对应的推力器效率比低阀腔气体压强条件下的高约 5%。阀腔气体压强越高意味着线圈表面气体压强越高，因此可以推测：改善喷注器的设计可以提高推进剂气体进入线圈有效加速区域的比例，且增大线圈表面的压强可以改善推力器性能。

根据 1970 年的研究结果，TRW 公司在 1971 年的样机中将喷注方式改为轴向喷注[13]，使气团流向感应线圈表面时具有较大的轴线速度。样机的喷注器结构如图 1.16 所示；感应线圈构型及参数与 1970 年的样机基本一致，但线圈外围增设有 1 cm 高的围坝以抑制推进剂溢出。喷注器的中心体为锥台状（由金属薄板绕喷注器拼接而成）；脉冲阀仍采用电磁铁式提升阀；阀的密封盘与阀杆相连，阀杆另一端与簧片相连；在簧片变形产生的弹力作用下，密封

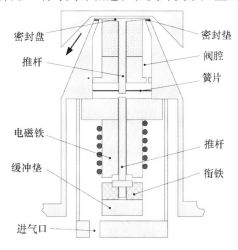

图 1.16　1971 年 PIT 样机喷注器结构示意图[13]

盘压在 0.25 mm 厚的弹性密封垫上；密封盘外缘与密封垫接触处有 0.05 mm 的突起环，在簧片预紧压力的作用下，密封垫产生约为其自身厚度 20% 的压缩量；衔铁与推杆相连，与电磁铁芯间的距离约为 0.25 mm。喷注器的工作过程如下：电磁铁线圈通入脉冲电流时，衔铁被吸合并带动推杆运动；推杆与阀杆相对端面之间有一定间隙（小于 0.25 mm），当推杆与阀杆相撞并且推力大于簧片的弹性力时阀打开；当电磁铁线圈中的电流衰减到一定幅值时阀开始闭合。测试表明：该阀的作动延迟时间约为 300 μs，开启和闭合的运动时间近似相等，约为 50 μs，通流时间（半峰全宽）约为 150 μs，阀口最大开度约为 0.37 mm。

研究人员分别对脉冲气团的喷注过程、气体压强分布以及推力器性能进行了测量，结果表明：推进剂喷注过程中的轴向速度能够抑制感应线圈表面反弹气体的轴向扩散，但喷注过程中脉冲气团的径向速度仍较大；同时围坝高度偏低，仍有部分气体溢出线圈。气体压强分布的测量结果表明：采用轴向喷注方式时，线圈表面最高压强约为 75 Pa，但气体径向分布不均匀，高压强区局限于线圈内径附近；点火时处在有效加速区域的推进剂（Ar）质量约为 200 μg，约占单脉冲喷注量的 70%。

在单脉冲工作模式下，研究人员采用冲量台架研究了喷注器参数（喷嘴长度、中心体锥角）和线圈围坝高度对推力器性能的影响。测试结果表明：相较于喷注器参数，围坝高度对推力器性能的影响最大。最优的推力器性能为：比冲 $I_{sp} = 1200$ s，最大效率 $\eta = 5.5\%$。此外，稳态蓄气条件下的性能测试结果表明：当推力器感应线圈有效加速区域内的推进剂质量与脉冲供气条件下的推进剂质量相当、比冲相同时，稳态供气条件下的最大效率为 $\eta = 6.2\%$。

1973 年，TRW 公司研制了感应线圈外径增大至 30 cm 的 PIT 样机[15]，喷注器采用径向喷注方式，脉冲阀依然采用 U 型电磁铁式提升阀，但对结构进行了改进，如图 1.17 所示。该阀采用球面密封，增大了阀杆的运动距离，以增大通流时间，提升单脉冲供气量。阀口的密封压力和阀闭合时的回复力由与阀杆相连的螺旋弹簧提供。推杆底端与一簧片固连，在簧片提供的预紧力作用下压紧衔铁。衔铁底端与簧片相连，在自然状态下该簧片不产生任何形变。阀的作动过程与 1971 年的电磁阀基本一致。测试表明：阀的作动延迟时间约为 200 μs，开启和闭合的运动时间近似相等约 400 μs，通流时间（半峰全宽）约为 400 μs，阀口最大开度约为 0.3 mm，最大单脉冲喷注推进剂（Xe）质量为 1.8 mg。推进剂喷注过程中的气体压强分布测量结果表明：喷注气体分布的角向均匀性较好；有效加速区域内的推进剂约为喷注量的 75%；在整个喷注过程中推进剂气体在线圈表面的轴向压缩性（最大压力约为 13 Pa）和径向均匀性均不够理想（线圈中间处压力较高）。实验中采用微型罗氏线圈和 B-dot 探针（磁场探针）分别测量了推力器工作过程中的等离子体电流密度和磁场分布，通过积分运算获得推力器的比冲和效率，并分别对比了稳态蓄气和两种脉冲供气模式（推进剂径向分布较均匀和不均匀）下的推力器性能。结果显示：在推进剂为 Xe 且放电能量和线圈有效加速区域内推进剂质量均基本相同的前提下，推力器在稳态蓄气模式下的性能（最大效率 $\eta = 17\%$，比冲 $I_{sp} = 1430$ s）要优于脉冲供气模式（推进剂较均匀，最大效率 $\eta = 4\%$ 且比冲 $I_{sp} = 500$ s）。不同脉冲供气模式的实验结果显示：两种情况下计算得到的最大电磁力幅值基本相同，但气体分布较均匀情况下计算得到的冲量大于非均匀情况。以上结果表明，径向均匀的气体分布有利于提高推力器性能。

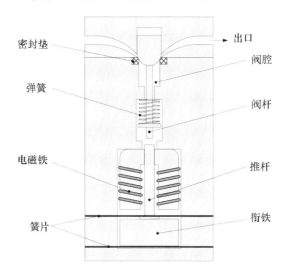

图 1.17 1973 年 PIT 样机喷注器结构示意图

1.3.2 大尺寸 PIT 的气团喷注技术

1978 年，Dailey 和 Lovberg 开发了用于 PIT 性能预示的集总参数机电模型，并由此建立了 PIT 系统设计的早期理论依据[16]。其采用该模型对 1973 年研制的 30 cm 外径感应线圈推力器稳态蓄气条件下的线圈电流进行计算，仿真结果与实验结果吻合较好；采用该模型分析了感应线圈尺寸对推力器效率的影响规律，发现增大线圈直径可以显著提高推力器效率，如当推进剂（NH₃）质量为

10 mg，目标比冲为 5000 s 时，线圈外径为 1 m 和 2 m 时所对应的推力器效率分别为 50% 和 60%。因此，他们开发了感应线圈外径为 1 m 的大尺寸推力器。在稳态蓄气条件下（气体压强为 13.3 Pa，等效推进剂质量约为 10 mg），采用探针测量数据计算得到推力器比冲 $I_{sp} = 1730$ s，最大效率 $\eta = 38\%$。与早期的 20 cm 和 30 cm 外径感应线圈推力器相比，性能均有明显提升。

1979 年，Dailey 和 Lovberg 更换了感应线圈外径为 1 m 的推力器导线[17,91]，将原来线圈采用的铜管更换为带状 Litz 线。稳态蓄气测试结果表明：采用 Litz 线圈的推力器最大效率 $\eta = 42\%$，对应比冲 $I_{sp} = 1730$ s。随后，他们对脉冲供气模式下的推力器性能进行了测量，喷注器采用径向喷注方式，脉冲阀依然采用电磁铁式提升阀，如图 1.18（a）所示。该阀依然采用衔铁带动推杆撞击阀杆的方式实现阀的开启。考虑到阀口附近的气体动力学特性，采用锥形密封并在阀口处使用环状整流装置，避免气流总压在阀口处过度减小而影响喷注效果。动态特性测试结果显示：阀的作动延迟时间为 920 μs，阀开启运动时间为 80 μs，通流时间为 400 μs。

Dailey 等采用快速电离规研究了 8 种不同喷嘴构型对推进剂气体分布特性的影响，确定了最优的喷嘴构型，如图 1.18（b）所示。喷注器距线圈表面的高度仅为 2.5 cm，外直径为 50 cm。研究发现：当线圈外径处的围坝高度为 15 cm 时可以基本避免推进剂气体溢出线圈之外；当阀腔体积为 1.86 cm³ 且阀腔内气体压强为 6.5 atm（1 atm 指一个大气压压强）时，气体的质量利用率约为 75%，对应的推进剂有效质量为 15 mg。在该工况下，由探针测量数据计算得到的推力器比冲 $I_{sp} = 1570$ s 且最大效率 $\eta = 45\%$。通过对比推力器点火时

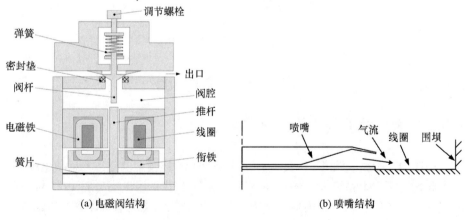

（a）电磁阀结构　　　　　　　　　　（b）喷嘴结构

图 1.18　PIT 样机（1979 年）的电磁阀及喷嘴结构示意图

的推进剂分布和推力器工作过程中气团内洛伦兹力分布发现：初始压强高的区域其气团中的洛伦兹力密度较高；气体径向分布不均匀，在线圈半径 45 cm 处初始气体压强较低，其附近气团内的洛伦兹力密度较低。此外，在放电能量相同时，推进剂质量为 7.5 mg 时的比冲 $I_{sp} = 2240$ s，最大效率 $\eta = 50\%$ [17]，优于推进剂质量为 15 mg 时的性能。根据实验结果可知：在电路参数一定的前提下，实现推进剂质量与放电能量的匹配可使推力器性能达到最佳。

Dailey 和 Lovberg 等在实验[17,91]中发现，由于喷嘴距离线圈表面较近，推力器放电时喷嘴内部的推进剂残余气体也被击穿，有机玻璃制成的喷嘴内部变黑。因此，他们在 1982 年将喷注器改成如图 1.19 所示的轴向喷注方式[55]，脉冲阀仍采用 1979 年的电磁铁式提升阀。其实验中对电离规进行了绝对校准，线圈表面的气体压强测量结果显示：推力器点火时，大部分推进剂气体能够被限制在距线圈表面 5 cm 的区域内（有效加速区域）；但气团的径向分布不均匀，线圈外径附近气体压强较高，内径附近的压强较低；估计线圈解耦区域内的推进剂气体质量约为 13 mg，约占喷注质量的 75%。采用探针测量数据计算了推力器在不同放电能量下的性能参数，发现低于早期的结果[16]。实验结果显示：推进剂气体分布不理想，在线圈内径处的压强过低，放电过程中此处的气体中不能形成高品质电流片，因此线圈未被电流片全覆盖而使寄生电感增大，进而导致推力器效率降低。

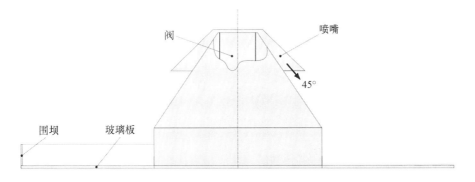

图 1.19　轴向喷注器（1982 年）示意图[55]

20 世纪 80 年代，TRW 公司相继开发了 PIT Mark-I ~ Mark-IV 系列实验室样机，线圈均采用多支导线平面型螺旋线形并排旋绕的感应线圈构型方案[19]。这一时期，与 PIT 相关的高压电容、脉冲开关及脉冲电磁阀等器件技术得到较大发展，特别是开发出了"音圈"电动力式电磁脉冲阀，其结构如图 1.20 所示。此后，在 PIT 的 Mark-V 至 Mark-VII 等样机中均采用该种形式的电磁脉冲阀。"音圈"的铝制线圈骨架外径为 6 cm 且高 3 cm。骨架的外圆柱侧面开有螺旋沟槽，绕 25 匝导线。线圈骨架一端焊在 0.05 mm 厚的不锈钢膜片上，该膜片不仅可以使线圈骨架精确地安置在 3 mm 的磁隙中，还可以使线圈侧的高压气腔、阀腔和阀出口之外的真空侧隔离开。在膜片两侧压力差的作用下，线圈骨架压向阀口处直径为 6 cm 的 O 形圈，实现阀腔气体的密封。由于膜片厚度较小，在阀动作过程中膜片变形产生的弹力可以忽略。磁隙的磁场由永磁体产生，磁感应强度约为 1 T。在设计之初，拟采用四个连续的电流脉冲实现阀的开闭：在开启阶段，第一个电流脉冲使"音圈"加速到阀可完全打开的速度，第二个电流脉冲（与第一个电流方向相反）使"音圈"减速，并使其速度刚好在阀完全开启时为零；闭合阶段，第三个电流脉冲（与第二个电流方向相同）使"音圈"反向加速，第四个电流脉冲（与第三个电流方向相反）使"音圈"减速并且在闭合时使其速度刚好为零，避免闭合时的反弹。但在实际的测试中发现，如此复杂的控制方式不是获得最佳的气体分布的必要条件。因此，在实际应用中只采用单电流脉冲（150 V，200 μF）对阀进行驱动，闭合时的回复力仅由膜片两侧的压力差提供。当阀腔压强为 1 atm 且阀口最大开度为 0.5 mm 时，测试结果表明：阀口通流时间约为 500 μs，单脉冲供气质量约为 10 mg。

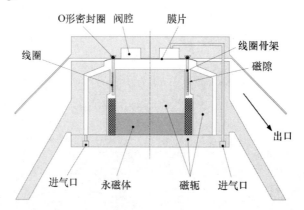

图 1.20　"音圈"电动力式电磁脉冲阀结构示意图

　　针对之前推力器点火时脉冲气团的压强在线圈内径处过低的问题，在 Mark-I 样机中基于新脉冲阀对喷注器的喷嘴构型进行了改进，新的结构如图 1.21 所示。最初设计的单喷嘴喷注器（图 1.21 左半部所示），使推进剂过于集中在线圈表面中心处；改进的喷嘴内部增加分流喷嘴，形成双喷嘴结构，如图1.21右半部分所示。在气团喷注过程中，有近一半的气体从内喷嘴喷注到线圈表面半径为20~30 cm的区域内。当脉冲气团前缘接触线圈表面并沿径向流动时，流经外喷嘴的气体由于具有更大的轴向速度，将会抑制内圈气层的膨胀。压强分布测量结果表明：采用双喷嘴式喷注器总体上可以取得更理想的气体分布，但在半径45 cm附近的压强仍然相对较低。

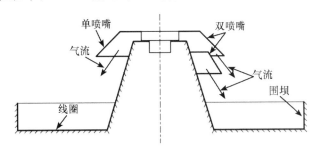

图1.21　Mark-I喷嘴结构示意图

　　TRW公司于1990年开始研制PIT Mark-V[21-22]，其喷注器采用轴向喷注方式的单喷嘴式结构，脉冲阀与之前Mark系列采用的"音圈"电动力式电磁脉冲阀相同。

　　Northnorp Gruman公司在2004年开发了Mark-VI[24]并进行了Mark-VII[23]的先行验证性研究，这两种样机的喷注器构型与Mark-V的一致，在Mark-VI上采用了改进的脉冲电磁阀，其结构如图1.22所示。阀中"音圈"所在处的

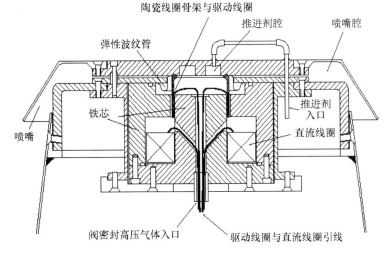

图1.22　PIT Mark-VI脉冲电磁阀结构示意图[23]

磁隙磁场改由电磁线圈提供。线圈骨架改由陶瓷材料制成，其顶端与金属圆环采用高强度环氧树脂进行黏结，金属膜片与金属环采用电子束进行焊接。线圈骨架采用环氧树脂黏结到金属环中，金属波纹管一端焊接到该金属环，另一端焊接到阀口附近的金属盘上，将线圈侧的高压气腔与阀腔隔离，同时起到使线圈骨架对准中线的作用。空载放电测试结果显示：Mark-VI 的电气特性与Mark-V 的基本相同。喷注脉冲气团的分布特性测试结果显示：在推力器点火时，大部分推进剂气体处在线圈的解耦区域内，但靠近线圈内径附近的气体压强较低。

1.3.3　带预电离装置的小尺寸 PIT 的气团喷注技术

针对螺旋波预电离的 FARAD 推力器的线圈自感小和推进剂分布不均的问题，Polzin 等[28-29]设计了一种改进型脉冲供气组件，其喷注器剖面结构如图 1.23 所示，脉冲阀外观如图 1.24 所示。

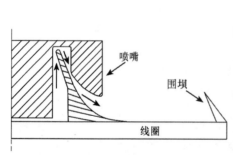

图 1.23　FARAD 喷注器剖面结构示意图[29]　　　　图 1.24　FARAD 脉冲阀外观[28]

喷注器的工作过程如下：当脉冲电流通过平面螺旋线圈时，磁场在铍铜材质碟型弹簧中感应出抗磁电流并使弹簧受到洛伦兹力的作用；洛伦兹力大于弹簧预紧力时外沿抬升离开密封圈，阀腔中的高压气流出阀口；当洛伦兹力不足以克服碟型弹簧的弹力时，阀开口减小直到闭合。该阀的流通时间约为 70 μs，单脉冲供气量约为 120 μg。

采用快速电离规测得的推进剂气体压强分布特性显示[29]：该喷注器未实现理想的气体分布；在推力器点火时，处在线圈表面解耦距离内的推进剂仅占总供气质量的 24%，并且集中在线圈内径喷注器喷口附近。预电离放电时，在感应圈内径处可以观测到肉眼可见的等离子体亮光。磁场探针测量结果表明[30]，推力器工作过程中并未形成"磁不渗透"的等离子电流片。放电过程中等离子体的亮度信息显示，等离子体电流片在径向和角向的分布是极不均匀的。Hallock 在研究锥形 FARAD 时发现，等离子体电流片的形成与电场强度以及推进剂气体压强比相关[33,36]。

综上所述，为了提高效率，PIT 点火时的推进剂气体应该紧贴线圈表面形成致密的径向均匀薄层，并且气层厚度相对于线圈解耦距离要小；如此状态下形成的电流片与感应线圈将高度耦合，能量传递效率高，并可减小加速过程中的"雪耙"损耗。

1.3.4 快速开关脉冲阀驱动机构技术

根据驱动力的特点，可将快速开关脉冲阀的驱动机构分为压电式、电磁铁式、电动力式和电磁斥力式。

压电式驱动机构依靠在外加电场中材料自身发生形变实现阀的开启和关闭。但压电材料的应变率小，主要应用在微流量脉冲供气领域[92-93]。

电磁铁式驱动机构是将铁磁性阀芯在磁场中受到的电磁力作为阀开启的驱动力。传统电磁铁结构中，衔铁所受电磁力与截面面积成正比，而衔铁的质量与其体积成正比，因此存在电磁力越大反而获得的加速度越小的矛盾[94]。此外，铁磁性材料存在饱和强度限制，很难通过提高磁场强度提高电磁力。因此，采用该种驱动机构直接作动的电磁阀难以具备极快的响应特性，而实现快速开启的电磁铁式驱动脉冲阀实际上都采用间接驱动方案。其方法是先将衔铁加速到很高的速度，再使其撞击阀芯而使阀快速开启。这种驱动方案的缺点是阀的尺寸较大，同时阀的作动延迟时间也较大。20 世纪 70 年代 TRW 公司研制的 PIT 就采用了该种形式的电磁铁式脉冲阀（见图 1.16～图 1.18）。

电动力式机构的驱动力是载流导体在外加磁场中所受到的安培力。该种驱动机构一般为"音圈"式结构，线圈为可动部件且位于只有径向磁感应强度的环形缝隙中，当线圈通过电流时由于受到安培力的作用而产生轴向位移[95]。TRW 公司在 20 世纪八九十年代和 21 世纪初研制的 PIT 均采用具有"音圈"式结构的电动力式脉冲供气阀（见图 1.20 和图 1.22）[19,22-23]。该种阀的响应特性受"音圈"所在缝隙的磁感应强度和"音圈"电感限制。此外，对于径向出口的阀，其制作工艺要求十分苛刻[23]。

电磁斥力式驱动机构是基于电磁感应原理：当脉冲电流流过平面线圈时，

在线圈附近的非铁磁性金属导体中感生出与线圈电流流向相反的电流（涡流）；涡流与线圈产生的磁场相互作用产生的洛伦兹力（斥力）使金属导体远离线圈表面，进而实现阀的驱动。由于采用该种驱动机构的脉冲阀结构简单且响应极快，被广泛地应用在喷气式 Z 箍缩、托卡马克等离子体破裂防护、激光等离子体加速和其他需要中性气体快速注入的高能脉冲等离子体试验中[96-106]。为满足 PIT 类型的推力器对脉冲阀快速响应特性的需求，本书作者[57]特别研制了一种基于电磁斥力机构的脉冲供气主阀。

1.4　PIT 理论与实验测量技术

在 PIT 技术开发过程中，研究人员逐步形成了较为成熟的推力器设计、工作及性能预测理论，包括感应线圈表面空域中的电磁场及气团中电流片结构特征、含电流片气团与感应线圈之间互感及其演化、脉冲气团质量及分布构型对推力器性能的影响，相关规律的认识与理论的形成依赖于并催生了实验测量技术的发展。

1.4.1　感应电磁场与电流片结构特征理论及测量技术

感应电磁场既是 PIT 的核心特征之一，也是决定推力器性能的关键因素，其测量技术特别重要。

Dailey 等针对 20 cm 直径脉冲感应加速器，采用悬浮电极对型电场探针测量等离子体内部的角向电场 E_θ 及轴向电场 E_z，采用 B-dot 探针测量径向磁场 B_r 及轴向磁场 B_z，采用激光散射法测量电子数密度 n_e，通过计算磁场旋度或采用微型 Rogowsky 线圈直接测量得到等离子体角向电流密度 j_θ。其研究结果形成的主要理论有：（1）PIT 的喷射气团中几乎只有电子电流，离子电流可以忽略；（2）喷射气团中的含电流气体层受其两侧磁场梯度的作用被压缩为片状结构，其内部电子数密度 n_e 明显高出其他区域一个量级以上，形成显著的电流片结构；（3）电流片内部的电子受洛伦兹力作用与离子产生轴向电荷分离，分离电场牵引离子与电子一同加速，其空间电荷分离尺度相对于电流片厚度可以忽略[14]。

为找到导致 PIT Mark-I 和 PIT Mark-IV 两型推力器性能差异显著的物理原因，Lovberg 等对两型推力器的线圈上方空域磁场结构演化过程进行了对比，得到感应线圈内外径中线处不同轴向位置的径向磁通密度 B_r 随时间演化情况，如图1.25（a）和（b）所示。其测量结果显示：在放电初始时刻 $t = 2~\mu s$ 附近，PIT Mark-I 远离感应线圈处的磁场强度明显低于线圈表面，气团中形成的感生电流片对线圈磁场起到显著的屏蔽作用；相对地，PIT Mark-IV 的线圈磁场则向远离线圈方向泄漏传播得更远。Lovberg 等据此提出：为获得良好的加速效果，需要在放电初始时刻便生成高质量的"磁不渗透"电流片；电流片生成过程越慢，或者电流片对磁场的屏蔽效果越弱，则电流片的加速效果就越差[20]。

图1.25（c）给出了 PIT Mark-Va 中不同轴向位置处 B_r 随时间变化的情况。由图可见在其放电初始时刻，轴向位置 $z = 5~cm$ 处的径向磁通密度 B_r 几乎为零，表明在感应线圈表面和 $z = 5~cm$ 之间已经建立了高质量的"磁不渗透"电流片，非常有效地将磁场固定在了电流片与感应线圈之间[22]。图1.25（d）给出了 Helicon-FARAD 的测量结果[27]。可见在其放电初始时刻，所生成的电流

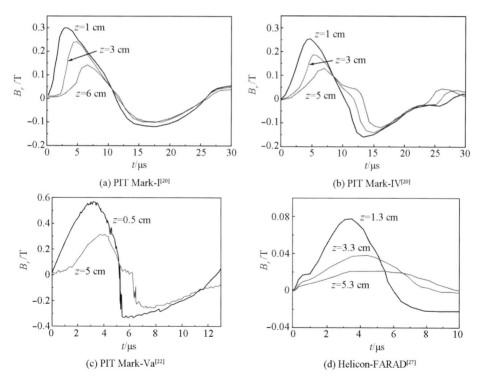

(a) PIT Mark-I[20]

(b) PIT Mark-IV[20]

(c) PIT Mark-Va[22]

(d) Helicon-FARAD[27]

图1.25　各类 PIT 感应线圈内外径中线处不同轴向位置的径向磁场（见彩插）

片对线圈磁场仅仅起到一定屏蔽效果，但相对于 PIT Mark-Va 和 PIT Mark-I，其线圈磁场轴向的扩散更为显著，表明所生成的电流片质量相对较差。

不同推力器中的径向磁通密度 B_r 测量结果印证了 Lovberg 等提出的"磁不渗透"电流片理论，据此既可以解释为什么 PIT Mark-Va 是目前性能水平最高的脉冲感应推力器；也可解释 FARAD 等工作在较低能量水平下的脉冲感应推力器，即使采用预电离技术生成了环形等离子体电流但性能水平依然较低的现象。

为快速建立高质量的"磁不渗透"电流片，感应线圈的电磁场构型须呈现以下特征：第一，在放电初始时刻产生足够强的角向电场 E_θ 以实现工质的充分电离和高质量电流片的迅速生成；第二，径向感应磁场 B_r 具备良好的角向及径向均匀性，以维持电流片的平整性，保证其对线圈磁场的有效阻塞。

分析可知：E_θ 正比于感应线圈中的电流变化率 dI/dt，dI/dt 在放电初始时刻达到最大。由于放电初始时刻等离子体电流片还未完全建立，其对电路的影响可以忽略，考虑简单的 RLC 串联电路，dI/dt 可以通过理论公式直接计算[54]；根据感应线圈几何构型，可以进一步计算得到 E_θ[58]。本书作者根据文献给出的数据，计算了已有各型 PIT 感应线圈内外径中线处，在 $t=0$ 时刻的 E_θ 大小，并将其记录在了表 1.2 内。结合文献中对这些推力器性能及其电流片结构特征的描述，本书作者提出对初始阶段 E_θ 的具体要求为 $E_\theta \geq 10 \text{ kV/m}$。

B_r 的径向分布情况与感应线圈的导线匝数及螺旋线的几何构型有关。显然，导线匝数越多，B_r 的径向均匀性越好。大部分 PIT 的感应线圈均采用等速螺旋线构型，螺旋形导线上的电流在感应线圈面板圆周方向的投影几乎为常数。采用该构型的感应线圈，B_r 在线圈表面的大部分区域均匀分布；但在接近感应线圈内外径处，由于受边缘效应的影响，B_r 将会减小。为了补偿感应线圈内外径附近的磁通损失，TRW 公司在其 1973 年的 0.3 m 外径感应线圈 PIT[15] 和 1979 年的 1 m 外径感应线圈 PIT[16] 均采用变速螺旋线对内外径处进行了局部加密。

除测量磁场外，Polzin[27] 在 FARAD 类推力器研究中还采用了 Langmuir 单探针测量等离子体中的电子密度等参数。但由于其所采用的 Langmuir 单探针并不适用于强瞬态等离子体的测量，因此其相关测量结果仅作参考。

1.4.2 感应线圈自感最大化理论及动态互感测量技术

感应线圈的自感大小、含电流片气团与感应线圈的互感大小及作用距离决定着能量传递的数量与作用时间，即决定 PIT 的效率，在 PIT 研究中形成了 Lovberg 准则及相关测量技术。

（1）Lovberg 准则

在 PIT 的放电初始时刻，气团紧贴感应线圈表面，线圈与含电流片气团的互感约等于线圈自感 L_C，此时放电电路的等效总电感约等于电路除线圈之外的寄生电感 L_0；随着含电流片气团被加速远离感应线圈，互感逐渐减小并最终趋近于零，此时放电电路的等效总电感约等于 $L_0 + L_C$。因此，对于单个脉冲放电过程，可以近似地认为总电感发生的变化大小 ΔL 等于 L_C。定义电感系数 $L^* = L_C/L_0$，该系数反映了在感应电路产生的总磁场能量中，可以耦合到含电流片气团的部分与无法耦合的部分之间的比值。因此，尽可能地提高 L^* 是增大 PIT 效率的前提条件，这便是 Lovberg 准则的主要内容。

Lovberg 准则对于脉冲感应类的加速装置[53]均适用，其对推力器设计的具体指导是：尽可能减小寄生电感 L_0、增大线圈自感 L_C。将表 1.2 中处于较低性能水平的 PIT Mark-IV 和 FARAD 系列推力器与其他 PIT 的参数进行对比可知，L^* 过低是导致以上两型推力器性能水平低下的主要原因。

（2）解耦距离与动态电感测量

感应线圈解耦距离 z_0 的定义如下：假设在感应线圈前方布置一个与线圈内外径相同的金属薄板，当其紧贴线圈时，二者的互感将等于线圈自感 L_C；逐渐沿轴向移出该金属薄板，线圈与金属板之间的互感将随轴向距离 z 增大而逐渐减小，互感与轴向距离 z 之间满足如下的指数衰减关系[9]

$$M = L_C \exp\left(-\frac{z}{2z_0}\right) \tag{1.1}$$

其中，z_0 为感应线圈的解耦距离；当 $z = 2z_0$ 时，$M = 0.37L_C$。z_0 越大，含电流片气团的加速冲程越长，获得的加速效果越好。z_0 同样可以根据感应线圈构型通过理论计算得到，各型 PIT 的 z_0 也被记录在了表 1.2 中。观察各类 PIT 性能参数可以发现，z_0 越大，推力器性能也越高；特别地，对比线圈几何参数可以发现，尺寸越大的感应线圈，z_0 也越大。

1.4.3 脉冲气团构型理论与稀薄中性气团测量技术

如前文所述，推进剂气体在推力器感应线圈表面的分布对推力器性能有重要影响。早期的研究从能量分析角度解释了临界比能量现象，利用简单的机电模型发展出有效的"动态匹配理论"，深入细致的测量则给出了高性能推力器的推进剂气团分布理想构型。

（1）临界比能量现象

定义比能量 ε_0 为推力器单脉冲放电能量 E_0 与脉冲气体质量 m_{bit} 之比

$$\varepsilon_0 = \frac{E_0}{m_{\text{bit}}} \qquad (1.2)$$

研究人员在对 PIT Mark-V 及 PIT Mark-Va 的实验中发现推力器的性能与 ε_0 具有较强的相关性：当 ε_0 低于某一临界值 ε_0^* 时，推力器的最大效率 η 会随 ε_0 的增大而增大；当 ε_0 高于 ε_0^* 之后，η 反而会随 ε_0 的增大而降低，且降低的幅度远大于动态匹配理论的预测结果[22]。在 MACH2 的数值仿真中也验证了相同现象[49]。进一步研究发现，这一现象与工质的电离过程相关，ε_0^* 近似等于工质的第一电离能 Q_1 与分子质量 M 之比

$$\varepsilon_0^* = \frac{Q_1}{M} \qquad (1.3)$$

当 ε_0 低于 ε_0^* 时，伴随 ε_0 的增大，其电离度将持续增长直到接近 1，相应的等离子体电导率也不断增大，电流片对线圈磁场的阻塞作用不断增强，最终导致 η 不断提高；当 ε_0 高于 ε_0^* 时，其电离度将不再伴随 ε_0 的增大显著增长，电导率的增长也变得比较缓慢，更多的能量被用于加热等离子体，从而导致 η 降低。因此，为保证等离子体能被高效加速，要求 ε_0 近似或略低于 ε_0^*。He、Ar、NH_3 等几类常见工质的 ε_0^* 分别为 593 J/mg、10 000 J/mg、1800 J/mg[9]。

（2）动态匹配理论

脉冲气团质量 m_{bit} 对推力器性能的影响如下：如果 m_{bit} 过大，含电流片气团运动过慢，有可能在放电电流反向之后被重新"拉回"感应线圈表面，导致大部分能量沉积为气体内能，最终通过辐射耗散；如果 m_{bit} 过小，含电流片气团运动过快，大部分磁场能还来不及沉积进入气团便到达解耦距离，这些能量最终被感应电路辐射或耗散。当感应电路电流波形的时间周期与含电流片气团运动过程的时间尺度相匹配时，推力器具有最大的推进效率，这一状态被称为最佳"动态匹配"状态。

Polzin[39] 采用无量纲化的机电模型对"动态匹配"问题进行了系统研究，其研究结果表明当动态阻抗系数 α 取值在 1 到 10 之间时，推力器能获得较高的推进效率，而 α 实际上反映了感应电路的放电周期与含电流片气团的运动过程时间尺度的比例关系。

（3）推进剂分布理想构型

TRW 公司早期开发的几类脉冲感应加速器的感应线圈面板外径处，未设

置任何阻挡气体流动的结构。但后续实验研究表明，通过设置与感应线圈解耦距离 z_0 等高的环形围坝可显著提高推力器性能。

Dailey 和 Lovberg[16]采用图 1.26（a）所示的径向喷注方案，对比了不同喷嘴构型下的推力器性能，其研究结果表明：让推进剂尽可能地紧贴感应线圈表面能够有效改善推进性能；对比轴向洛伦兹力 $j_\theta B_r$ 分布与推进剂密度分布后发现，密度较高区域的洛伦兹力密度同样较高；径向喷注会在围坝附近累积大量气体，导致洛伦兹力分布不均匀。

为了提高推进剂分布密度的径向均匀性，Dailey 和 Lovberg[55]将喷注器改进为图 1.26（b）所示的轴向喷注方案，所获得推力器的性能相较于方案（a）有显著提高。在 TRW 公司开发的 PIT Mark-I 中，又采用了如图 1.26（c）所示的轴向喷注双喷嘴方案，进一步提高推进剂分布的径向均匀性。方案（b）的推进剂分布虽然在径向均匀性上略差于方案（c），但其结构相对简单且质量较小，对应推力器性能差异并不显著，因此成为后来 PIT 系列的主流方案。

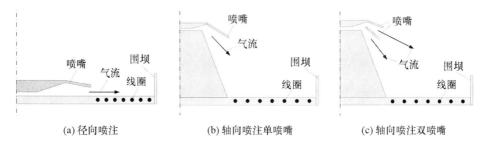

图 1.26　各类气体喷注方案及其对应的推进剂分布构型示意图

综上所述，高性能 PIT 的开发提出对脉冲气团时空分布的定量测量要求。

PIT 的研究经验表明：脉冲气团在线圈表面的最高压强接近 80 Pa，可以尝试用电离规测量气体压强。在 PIT 早期的研究中[90]，针对推进剂气体分布特性的研究均采用快速电离规测量气体压强。但传统型三极式电离规主要是为测量稳态高真空系统背景压强而设计，很难应用于 10^{-4} Torr（1 Torr ≈ 133 Pa）以上的压强测量[129]；而且传统电离规结构尺寸大、空间分辨率低、响应慢，几乎无法用于瞬态气体压强测量。

早在 1957 年，Schultz 和 Phelps[130]对三极式电离规的测量上限问题进行了研究，认为通过减小电离规结构尺寸并设置合适的电极驱动参数可以拓展电离规的测量上限，并将商用三极真空电子管用作电离规进行稳态气体压强测量。

基于 Schultz 关于拓展电离规测量上限的研究结论，后续研究人员对三极式电离规进行了改进，并应用于中性气体的瞬态测量。Gentry 和 Giese[132] 开发了 B－A 型快速电离规，其阴极和加速极均为螺旋管式结构，直径分别为 2.5 mm 和 0.13 mm。阴极位于加速极之外，与加速极相距 3 mm，收集极为细直铜导线且位于加速极中心轴线处。该电离规的响应时间约为 2 μs，测量上限约为 10 mTorr（H_2）。随后，Keyser 等[133] 在 Gentry 研究基础上降低了电子加速电压，并对电离规收集极电路进行了改进，改进后电离规的响应时间约为 0.8 ms，电离规的线性测量上限可达 0.2 Torr。Thomas 等[134] 亦采用 B－A 型电离规对脉冲气团的特性进行研究，缩小了电离规的尺寸，但最高测量压强仅为 22 mTorr。Inutake 和 Kuriki[135] 开发了高压强三极式快速电离规，采用同心螺旋管式电极结构，由内向外分别是阴极、加速极和离子收集极，电极直径分别为 6 mm、3 mm 和 0.5 mm。Inutake 的稳态校准试验结果表明：研制的电离规测量上限可拓展到 2 Torr（He）；限制电离规测量上限拓展的主要因素是阴极与加速极间的空间电荷效应，并且这种效应的影响随着气体压强的增大而增强。

被测气体压强的改变、电极间电势的变化以及阴极表面吸附气体等情况都会引起电离规阴极发射电子电流的变化。为了保证收集的离子流与被测气体压强成线性关系，必须保证阴极发射电子流的稳定[136]。传统三极式电离规的阴极工作在温度限制的条件下，在该条件下其阴极发射性能只受温度影响。因此，常采用在加速极电流和阴极加热电流间引入负反馈的方式控制阴极加热电流，通过调节阴极温度进而达到控制阴极发射电流的目的[137]。但是，这种方法不仅功率消耗大，还由于存在热惯性，温度调节响应慢。在瞬态测量时，被测气体从高压注入真空，高速（≥ 1 Ma）脉冲气流对阴极有冲刷作用，导致阴极温度下降进而影响阴极电子发射。因此，传统电离规中通过调节阴极温度来稳定阴极发射电流的方法不适用于瞬态测量的电离规。阴极的发射能力不仅受阴极温度的影响，同时还受阴极所在处的电场强度的影响[138]。当气体压强较高时，阴极与加速极间的空间电荷效应增强[135]，阴极所在处的空间电场将发生改变，进而导致阴极发射电流改变。

真空电子管在结构上与电离规相近，因此多极真空电子管经过适当的改造可充当电离规用于气体压强测量。由于商用电子管性能稳定且易于获得，基于商用真空电子管改造的电离规被广泛应用在实验室脉冲气体注入真空时的压强分布测量，并取得了很好的应用效果。例如，Lowder 和 Hoh[139] 将商用五极真空电子管的玻璃外壳去掉而将其改装成快速电离规，对脉冲阀向真空喷注的中性气体进行了瞬态压强测量。Valsamakis[140] 做出了系统性贡献：在多极真空电子管改造方面，将五极真空电子管改造成四极式电离规，即在传统三极式电离规的阴极与加速极间靠近阴极处引入控制极；控制电路方面，在阴极与控制极间以及阴极与加速极间形成负反馈，通过改变阴极所在处的电场达到稳定阴极发射电流的目的；在电离规测量方面，使控制极的电势略低于阴极电势，这样可以起到吸收附近正离子的作用，减弱空间电荷效应。Valsamakis 系统研究了驱动电路参数对电离规特性的影响，确定了电离规最佳工作参数，其稳态校准试验表明：电离规对 Ar 的测量上限可拓展到 0.2 Torr，其动态响应特性不低于 20 μs；但在瞬态试验中发现，阴极发射电流在测试过程中存在抖动，并且随气团压力的增大而增大，当气团最高压强为 50 Pa 时，发射电流抖动约为 20%。其后，Valsamakis 的电离规改造方案被广泛应用于脉冲等离子体试验研究中[141-145]。在 PIT 技术开发中，针对推进剂气体分布特性的研究，均采用快速电离规测量气体压强，且电离规亦由真空电子管改造而成，改造方案与 Valsamakis 的基本一致。

1.5　PIT 工作过程数值模拟

PIT 系统尺寸较大、工作电压达数十千伏，实验研究需要在真空环境下开展，实验系统十分复杂；且其所涉及的等离子体过程具有微秒尺度的强瞬态特性，诸多主要面向稳态等离子体的诊断手段并不适用。因此，数值仿真成为研究 PIT 工作过程、预测推力器性能、分析等离子体瞬态参数特征的重要手段。此外，在脉冲气团喷注研究中也发展了对脉冲阀特性的仿真方法。

关注感应线圈中开始有电流后的气团喷射，主要发展了将气团在电学特性上视为集总电路中的 LRC 元件、机械学特性上视为变质量质点的"雪耙"与 LRC 电路模型，以及将气团用流体观点描述的磁流体动力学模型。

关注推进剂气体从储气腔向喷嘴出口的流动，主要研究了基于电磁斥力机构的快速开关脉冲气体阀结构和工作过程复杂性、数值模拟问题难度及方法。一方面，阀中簧片的运动和变形由簧片中的感生电流与线圈形成的磁场相互作用产生的洛伦兹力驱动。另一方面，线圈中的电流反过来受簧片运动影响。此外，阀腔气体向真空流动，与簧片运动相互作用。电磁场、结构场、流场和温度场的耦合使阀工作过程的模拟异常复杂，涉及电磁学、固体力学、流体力学和热学等学科。

1.5.1 感应电路电流演化与气团喷射模型

1.5.1.1 气团喷射的"雪耙"与 LRC 电路模型

Dailey 和 Lovberg[19]仿照脉冲等离子体推力器（Pulsed Plasma Thruster, PPT）中的研究方法，最早提出集总参数的脉冲感应加速"雪耙"和 LRC 电路模型，合称为机电模型。该模型包含电路模型和电流片运动模型两部分。电路模型如图 1.27 所示，感应电路和等离子体电流回路分别被等效为变压器的主级与次级，其中 C 为电容器组的容值，L_c 为感应线圈自感，L_0 为感应电路寄生电感，R_0 为感应电路寄生电阻，R_p 为等效等离子体总电阻，I_c 和 I_p 分别为感应电路和等离子体回路的总电流，M 为电流片和感应线圈之间的互感。电流片运动模型如图 1.28 所示，忽略等离子体流动过程与感生电流片的内部结构，感生电流片被等效为一个厚度固定、质量不断累积的"雪耙"，仅考虑其在电磁力作用下的变质量加速过程。在机电模型中，电流片所受的电磁力为

$$F = \frac{L_c I_c^2}{2z_0}\exp\left(-\frac{z}{z_0}\right) \tag{1.4}$$

电流片与感应线圈的间隔距离为 z 时的互感 M 计算式如式（1.1）所示。

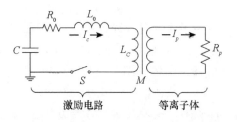
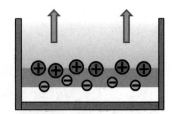

图 1.27 感应电路－等离子体变压器等效模型　图 1.28 感生电流片"雪耙"运动模型

机电模型能较好地同时反映感应电路电流与气团喷射的运动特征，并在一定参数范围内较可靠地预测推力器性能变化趋势。Polzin 等推导了无量纲化的"雪耙"机电模型控制方程组，在此基础得到 PIT 性能与无量纲参数的一般关联式，成为指导此类推力器设计的有力工具。主要无量纲参数定义如下

$$L^* = L_c/L_0 \tag{1.5}$$

$$\psi_c = R_0 \sqrt{C/L_0}; \psi_p = R_p \sqrt{C/L_0} \tag{1.6}$$

$$\alpha = \frac{C^2 V_0^2 L_C}{2 m_{bit} z_0^2} \tag{1.7}$$

其中，L^* 为感应电路的电感系数；ψ_c 为感应电路阻尼比；ψ_p 为等离子体电流回路阻尼比；m_{bit} 为脉冲气团质量；α 为推力器的动态阻抗系数。Polzin 基于无量纲机电模型的研究结果表明，具有较高效率的推力器应同时满足以下条件：$L^* \gg 1$，$\psi_c < 1$，$\psi_p < 1$，且 α 保持在 1 到 10 之间的特定值。前三项条件要求尽可能减小寄生电感 L_0 和寄生电阻 R_0，并提高等离子体的电导率，使系统保持在欠阻尼状态；最后一项条件则要求感应电路的放电周期与等离子体电流片加速过程的时间尺度相匹配，即达到前文所述的"动态匹配"状态[38-39]。

2013 年，Polzin 等[40]又将局部热力学平衡（Local Thermal Equilibrium，LTE）等离子体模型引入"雪耙"机电模型，使其可反映气团不同电离态参数对推力器性能的影响。Martin 等则将机电模型适用的感应线圈构型由平板形拓展至锥形，由单脉冲工作过程拓展至重复脉冲工作过程[41-42]。

"雪耙"机电模型主要缺陷在于：无法描述等离子体的结构演化过程；所采用的电流片"雪耙"模型被假设为仅对生成了高品质"磁不渗透"电流片工况的预示结果较好，而对较低放电能量水平或非平面型感应线圈推力器的预示结果会严重偏离实际情况。

1.5.1.2 气团喷射的磁流体动力学模型

磁流体动力学（Magnetohydrodynamic，MHD）模型将感应放电气团视作导电流体，其喷射过程由流场控制方程组和电磁场 Maxwell 方程组共同决定。

21 世纪初，Mikellides 等[44-45]开始将 MHD 模型应用于 PIT 中的气团喷射过程模拟，针对 Ar 和 Xe，采用 MACH2 代码[43]对 PIT Mark-V 系列推力器的气团喷射流场进行计算。模型采用二维轴对称的单流体 MHD 控制方程组，使用有限体积方法求解，考虑了气体放电的多级电离反应、热力学非平衡效应、Hall 效应和辐射等。其计算结果首次以数值显示了气团中环形电流片生成、加速的详细时空演化过程；感应线圈表面空域磁场时空位形的计算结果与在放电过程的前四分之一个周期（气团加速的主要过程）的实验测量数据基本相符；其对推力器性能的计算结果验证了实验研究中观察到的"临界质量现象"。Allison 和 Mikellides[46]则针对 NH_3，发展了多原子分子气体状态方程，验证了 NH_3 相对于 Ar 和 Xe 具有更高的能量效率。

在 Mikellides 等早期开展的 MHD 数值模拟中，感应线圈的作用是通过时变磁场边界单方向施加给气团的，没有与电路放电过程进行耦合计算。针对这一问题，Goodman 等[47]提出根据计算域边界处的感生电场强度计算放电气团负载对线圈电路的"等效电势降"V_p，结合电路仿真软件 SPICE 和二维 MHD 计算代码 PCAPPS，发展了一种电路－气团双向耦合模型，给出了与文献数据较为一致的结果。但其采用将线圈等效为简单圆环导体以计算其等效电势降的方法，准确性和有效性均有待验证。2006 年之后，Mikellide 等[48-52]针对 MACH2 代码进行了改进，引入电路的微分方程组并根据放电气团中的磁通密度分布计算负载端等效电感，同样实现了电路电流与气团运动的耦合求解。但上述方法在每一时间步均需对磁通密度进行全域积分，计算量较大。如图 1.29 所示，对比文献［46］未耦合外部电路的计算结果、文献［50］耦合外部电路后的计算结果，以及文献［22］的实验测量数据可以发现，耦合放电气团负载相关算法之后，MHD 模型预示结果与磁场测量数据的符合度在放电的前四分之一个周期之后明显更优。

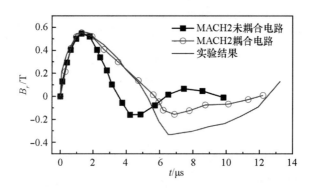

图 1.29　实验测量 PIT Mark-Va 的磁场强度与 MACH2 计算结果对比

在以上所述 MHD 模型中，感应线圈对气团的作用都是以磁场边界条件的形式施加的；而气团对电路的反馈作用，则需要根据感应线圈几何构型及瞬时空间电磁场分布推导具体的代数表达式或积分表达式，很难用于锥形和变速螺旋线等更加复杂的感应线圈构型；同时，其磁场计算范围均局限于气团区域。由于气团还会与除线圈外的其他导体结构产生电磁感应作用（譬如实验室中的真空舱壁及推力器中的金属喷注塔、金属地板等），因此有必要将磁场计算范围扩展至包围气团与感应线圈的环境空间。需要指出的是，MHD 模型均需要给出 $t=0$ 时刻的气团中自由电子分布参数，且无法模拟气团初始放电阶段的中性气体感应击穿过程。

1.5.2　电磁斥力式脉冲阀工作过程的数值模拟

早期的 PIT 研究主要采用集总参数模型分析阀的动态特性[107-108]。该模型假设阀中用以产生涡流的金属圆盘（阀芯）的厚度要远大于其趋肤深度，并且阀芯在运动过程中不发生形变，洛伦兹力分布特性对阀工作过程的影响可以忽略，因此可以采用集总参数法计算阀芯上的洛伦兹力，并且忽略阀芯运动对电路放电特性的影响。可见，该模型的应用范围十分有限。

对于大功率 PIT 的电磁斥力式驱动机构脉冲供气阀，驱动机构用以产生涡流的金属簧片厚度与其趋肤深度相当，并且在阀的工作过程中将发生弹性变形。洛伦兹力分布对簧片的动态特性具有重要影响，必须谨慎考虑阀工作过程中的洛伦兹力分布，详细分析簧片中感生电流和空间磁场的演变过程。分析金属导体感应涡流分布和电磁力的计算模型主要是等效耦合电路模型和基于电磁场理论的有限元模型。

1.5.2.1　等效耦合电路模型

等效耦合电路模型是一种可以用来求解电路 – 磁场间耦合问题的数值模型，由于其计算简单，被广泛地用在电磁发射[109-112]、电磁斥力机构[113-116]、超强脉冲磁场生成器[117-118]、脉冲变压器[119-120]、电磁成型[121-123]和磁共振成像[124]等脉冲电磁系统的模拟中。

等效耦合电路模型的基本思想是将系统中的电路元件定义为集总参数模型，并将系统中截面尺寸较大的导体离散为截面尺寸较小的导体单元，再将各单元与其连接的电路元件进行电路等效。采用电路分析方法获得等效电路中的电流，即各离散单元中的电流，进而可获得空间磁场和电磁力分布等信息。当系统中的导体存在运动或形变时，将等效耦合电路模型获得的电磁力分布（等效磁压强）代入可动部件的动力学模型，计算可动部件的位移（形变）、速度等运动信息；随后根据这些信息，更新等效耦合电路模型，进行下一步的电磁和运动计算，直至计算结束。

在实际应用中，等效耦合电路模型的难点和核心问题是系统中导体的离散及其离散单元的电感计算。导体离散单元的截面尺寸应远小于在系统工作频率下所对应的趋肤深度，确保离散单元中的电流分布均匀。原则上，导体离散单元的截面尺寸越小，导体离散单元的电感和电流计算的越准确，但计算量也随之增大。特别是在存在变形和运动的系统中，各离散单元间的相对位置发生变化，每一时间步都要对电感进行重新计算，计算量将显著增大。

1.5.2.2　有限元模型

在忽略阀腔气体流动的影响时，阀的工作过程与电磁成形过程相似，只不过阀的工作过程不涉及材料的塑性变形，因此可借鉴电磁成形的相关数值模型；若忽略热效应的影响，电磁成形过程实际上是电磁–结构耦合问题。

近年来，随着大型有限元商业软件的发展，针对电磁–结构耦合问题，国内外学者基于商业软件进行了广泛的研究。Correia 等[125]采用有限差分法和有限元软件 ABAQUS/Explicit 联合分析了平板电磁成形。线圈中的激励电流由试验得到，采用有限差分方法计算磁场、感生电流和电磁压强，并利用 ABAQUS/Explicit 自带子程序将电磁压强作为载荷施加到工件的下表面以模拟工件的变形。由于在模型中忽略了工件材料的应变率以及变形和速度对电磁现象的影响，在变形较大时与试验结果存在较大误差。Oliveira 等[126]利用有限元软件 ANSYS EMAG 和 LS-DYNA 建立了双线圈平板成形三维分析模型。用 ANSYS EMAG 计算磁场和工件电磁力，通过开发的接口程序将计算得到的电磁力传递到 LS-DYNA，作为动力学分析的载荷条件；LS-DYNA 计算得到的工件变形通过接口程序再传递到电磁模型中，对电磁模型计算条件进行更新。Oliveira 模型计算得到的工件变形与试验值差距较大（计算为 39 mm，测量为 33 mm），预测的应变分布略小于试验测量值[126]；并且其电磁模型中线圈的激励电流并不是根据放电系统参数计算得到，而是将试验测得的电流作为已知条件直接加载的。Cao 等[127-128]采用 COMSOL Multiphysics 有限元软件，建立了平板成形的电磁–结构强耦合模型。在该模型中，考虑了工件变形对驱动回路放电过程的影响。在每一求解步，模型中的电路方程、磁场方程和动力学方程同时求解。Cao 采用该模型对 Takatsu 等[122]的平板电磁成形系统进行模拟，模拟与试验结果基本一致[127-128]。

综上所述，为了提高 PIT 所用高速开关脉冲阀的模拟精度，还需要深入改进阀工作过程中多物理场之间的强耦合模型。

第 2 章　脉冲感应电路设计与测试

PIT 中的脉冲感应电路主要包括开关、储能电容器、线圈等，能影响脉冲气团电离与加速，是决定推进性能的关键之一。本章介绍脉冲感应电路中的开关与储能元器件选型、感应线圈设计方法以及大气环境中感应电路放电特性的测试。

2.1　感应电路总体参数选择

单脉冲放电的能量 E_0 越大、初始电压 V_0 越高，PIT 越容易达到较高性能。但大能量和高电压会对充电电源、储能电容器、开关、绝缘防护等提出更高要求，推力器的尺寸、质量也会增大。

参考表 1.2 总结的各型 PIT 参数特征，结合实验室条件与实验研究难度预期，选择原理性 PIT 的最大脉冲放电能量 $E_0 = 1000$ J，最高充电电压 $V_0 = 16$ kV，据此确定电容器组的总电容量 $C = 8$ μF；预计感应线圈的自感 $L_C = 373$ nH；预计实验装置除线圈外的电路寄生参数 $R_0 \approx 15$ mΩ，$L_0 \approx 120$ nH。基于以上参数，按照图 2.1 所示途径进行原理性 PIT 设计开发。

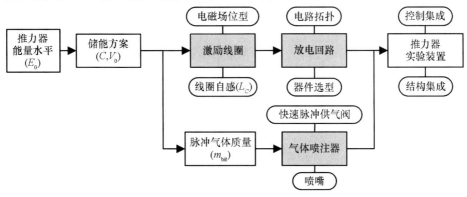

图 2.1　原理性 PIT 设计开发路线

2.2　开关与储能元器件选型

2.2.1　主要性能指标

根据选择的感应电路总体参数，采用 RLC 电路理论计算公式[54]估算，在所设计的感应电路中，峰值电流为 61 kA，最大电流陡度为 32 kA/μs。在对开关模块及高压电容器组进行元器件选型时，主要考虑最大电压、峰值电流与最大电流陡度三个参数。同时，要求所选择的各元器件均具有稳定的内阻和自感，开关模块具有较小的触发导通延迟与抖动。

2.2.2　元器件选型

早期开发的 PIT 一直采用火花隙开关，它是一种工作在帕邢曲线右半侧的高气压气体开关，结构相对简单，工作电压高，允许的电流及最大电流陡度较大，但也存在烧蚀严重、触发抖动较大等问题。以 PIT Mark-Va 为例，为了实现多开关的同步导通，需要通过独立的供气管路分别对各支路开关内部的气体压强进行调整。这种方式极大地增加了 PIT 的系统复杂性，其可靠性也相对较低，如采用相同开关方案的 PIT Mark-VI 就因开关阵列导通同步性差导致其性能参数一直难以达到预期水平。

高电压、大功率的绝缘栅双极晶体管（Insulate-Gate Bipolar Transistor, IGBT）与可控硅整流器（Silicon Controlled Rectifier, SCR, 别名晶闸管）等的出现，为 PIT 开关器件提供了新的可选项。虽然单个固态开关的峰值电流及最大电流陡度仍然比火花隙开关的小，但是它具有寿命长、触发导通延迟短、抖动小等优点，已被国外研究者应用于较低能量水平的 FARAD 系列推力器。

对于本书研究对象中的微秒级宽度、峰值近百千安的脉冲电流，需要利用比火花隙开关数量更多的固态开关来组成串、并联阵列进行同步导通。PIT Mark-VII 推力器[7]采用 8 套固态开关模组并联，每套模组由 5 个 ABB 5SHX14H450X 型晶闸管（SCR）串联，实现同步导通的开关总数多达 40 个。同时，相关研究已表明感应电路工作在振荡模式的 PIT 性能更好。由于固态开关一般不能通过反向电流，因而需并联续流二极管，导致固态开关阵列的规模很大、成本很高。

本书作者最终确定的开关类型为赝火花开关（Pesudo-Spark Switch，PSS）。PSS 是一种工作在帕邢曲线左半侧的低气压气体开关，具有烧蚀轻、时延短、抖动小等相对优势[54]。所采用的 PSS 结构如图 2.2 所示，其工作介质为 H_2，工作时由触发器产生初始等离子体使开关导通，再通过空心阴极效应进一步增大等离子体的电离度，实现极高的导通电流密度。该 PSS 最高电压可达 50 kV，最大电流 200 kA，最大电流陡度 100 kA/μs，触发导通延迟时间小于 300 ns 且抖动小于 10 ns。

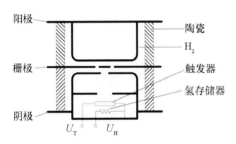

图 2.2　赝火花开关结构示意图与实物照片

在电容器组的选型方面，采用 8 个 XICO – 1 – 25 型干式薄膜电容器，额定电压 25 kV，单个电容量 1 μF。

2.3　感应线圈几何构型优化设计

2.3.1　感应电路结构

原理性 PIT 的感应电路由线圈 L_c、储能电容器组 C 和开关 S 串联组成。图 2.3 给出了感应电路结构示意。其中，感应线圈由 16 支导线按轴对称方式并联排布而成。为了保证各支螺旋线导线之间的电流平衡，8 个电容器同样按照轴对称方式排布；每个电容器分别与 2 支螺旋线导线连接，且电容器与线圈接线端的各电缆长度都相等。为了保证各电容器放电的同步性，8 个电容器的另一端并联于同一开关（即 PSS）。此外，电容器组及开关中的电流，在空间分布上类似于同轴电缆，寄生电感较小。

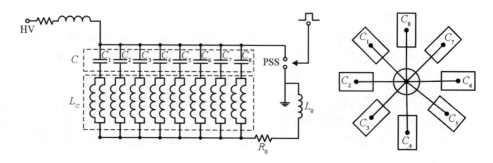

图2.3 感应电路结构（左）与电容器组排列方式（右）

感应线圈构型如图2.4所示。采用16支螺旋线形导线按轴对称方式并联排布以提供均匀的纯角向电流密度；每支导线采用单匝（旋绕角度2π）阿基米德螺旋线构型，由外径侧旋绕至内径侧，再从螺旋线下方引出至外径侧接线端；每支导线的两个接线端子相邻布置，通过双绞线与开关及电容器连接，以减小传输路径上的寄生电感。

(a) 单支螺旋线导线   (b) 4支螺旋线导线   (c) 16支螺旋线导线

图2.4 感应线圈构型示意图

2.3.2 线圈尺寸优化设计

基于以上构型，对感应线圈的内径 r_1、外径 r_2 进行优化设计。

第一步：对于给定的 r_1、r_2，借助相关理论公式[58]计算其自感 L_c、解耦距离 z_0、初始感应电场强度 $E_\theta|_{t=0}$（考虑绝缘盖板厚度，取感应线圈内外径中线且距离线圈表面5 mm位置处的计算结果）。

第二步：采用"雪耙"机电模型估算推力器比冲 I_{sp}、最大效率 η 等性能参数，对比不同脉冲供气质量 m_{bit} 的计算结果，找到当前 r_1、r_2 值下达到"最佳动态匹配状态"（即效率 η 最高）时对应的脉冲供气质量 m_{bit}。

第三步：改变 r_1、r_2 取值，重复以上计算过程，将 I_{sp}、η、m_{bit}、$E_\theta|_{t=0}$ 的计算结果绘制为以 r_1、r_2 为横、纵坐标的等值线图，如图 2.5 所示。

第四步：根据已有各型推力器工作特征，提出 $E_\theta|_{t=0}$ 的取值范围，找到对应的 r_1、r_2 约束域。

第五步：根据具体设计需求，在约束域内选取合适的点，对应的 r_1、r_2 取值即为感应线圈内外径尺寸优化设计结果。

根据第 1 章的文献综述结果可知，在无预电离的条件下，位于感应线圈内外径中线且距离线圈表面 5 mm 处的 $E_\theta|_{t=0}$ 达到 10 kV/m 便能在放电早期快速建立具备"磁不渗透"特征的等离子体电流片。对于所采用的线圈构型，由图 2.5（a）可知，线圈尺寸越小则 $E_\theta|_{t=0}$ 越大；由图 2.5（d）可知，线圈尺

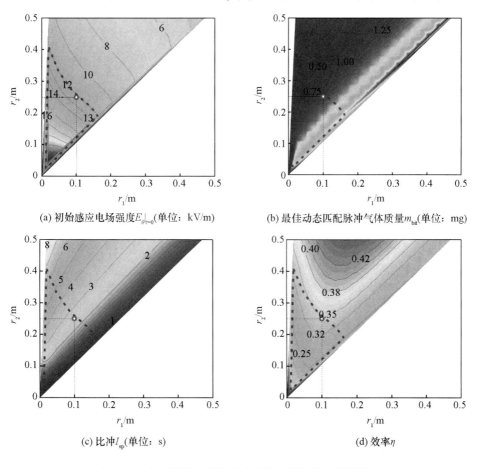

(a) 初始感应电场强度 $E_\theta|_{t=0}$（单位：kV/m）

(b) 最佳动态匹配脉冲气体质量 m_{bit}（单位：mg）

(c) 比冲 I_{sp}（单位：s）

(d) 效率 η

图 2.5　感应线圈内外径尺寸优化设计结果（见彩插）

寸越大则 η 越高,且在内外径比 r_1/r_2 约等于 0.4 时 η 处于较高水平。

综上考虑,选择 $r_1 = 0.1$ m,$r_2 = 0.25$ m 的感应线圈尺寸方案。该方案在 $V_0 = 16$ kV 的额定电压水平下对应的 $E_\theta\big|_{t=0}$ 能达到 12 kV/m;根据"雪耙"机电模型预测的最大效率 $\eta = 0.34$,对应的 $I_{sp} = 2000 \sim 3000$ s,处于近地空间航天器大部分任务的最优喷气推进比冲范围。根据该方案所设计的感应线圈,计算得出其自感量值 $L_c = 373$ nH,解耦距离 $z_0 = 5$ cm。优化设计过程同时给出了最优的脉冲气体质量 $m_{bit} = 1.25$ mg。

感应线圈的实体结构如图 2.6 所示,由线圈底板、绝缘盖板、线圈绕组导线等组成。其中,线圈底板的材质为 FR4 电木,通过数控铣工艺在其上表面刻制螺旋线形状的线圈槽道(槽宽 3 mm,槽深 3 mm)。绝缘盖板采用具有较低放气率的特氟龙材料。线圈绕组导线采用多股铜芯电缆,电缆埋置于槽道内实现定位。线圈底板上的穿线小孔隙被环氧树脂灌封。

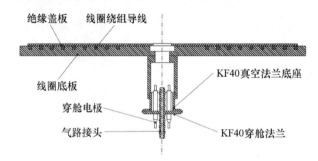

图 2.6　感应线圈实体结构示意图

线圈底板与后文介绍的有机玻璃桶连接在一起构成真空模拟腔,底板总厚度为 3 cm。线圈底板下方安装有 KF40 真空法兰底座,配套的 KF40 穿舱法兰提供推力器的供气阀与真空模拟腔外气源、电容器组与真空模拟腔外的充电电源之间的接口。

2.4　空载放电特性测试

本节介绍在大气环境下开展感应电路的空载放电特性测试。测试内容包括感应电路电流的时域特性、感应线圈表面上方空域的磁场时空分布特征、脉冲气团喷注器(Gas Puff Injector, GPI)的触发开启与 PSS 的触发导通特性。测试中还获得感应电路内阻、寄生电感。

2.4.1　感应电路电流的时域特性

由电学和气体放电理论可知：当真空模拟腔内的气体压强 p_0 大于特定阈值时，感应线圈所产生的脉冲电磁场将无法击穿气体工质而工作在"空载"放电状态，其电流波形反映感应电路自身的 RLC 自激振荡特征。

测试的最低放电电压 $V_0 = 3.8$ kV，最高放电电压 $V_0 = 19.6$ kV。图 2.7 给出了在 8.4 kV、13.2 kV、17.2 kV 三个水平下的感应电路电流 I_c 波形。可见在空载状态下，I_c 呈现明显的振荡特征，其时间周期 T 近乎为常量，约为 12.7 μs。

高性能脉冲感应推力器要求在放电初始时刻即产生足够强度的角向感应电场 E_θ 以实现中性气体推进剂的快速充分电离。E_θ 与电流陡度 dI/dt 成正比。对于理想的感应电路，dI/dt 在 $t = 0$ 时刻（对应 I_c 的第一过零点）达到最大值。但对于真实的感应电路，由于脉冲开关内部导电通道的建立需要一定时间，dI/dt 将在 $t = 0$ 之后的某一时刻达到最大值。特别地，当脉冲开关内部导电通道的建立时间与电流波形的时间周期相近时，dI/dt 的最大值甚至可能出现在 I_c 的第二甚至第三过零点位置，导致气体无法在线圈放电早期获得有效电离，最终影响其加速效果。同时，有效电离之前的气体扩散导致推进剂利用损失，也会影响推力器性能。图 2.8 给出了对实测 I_c 波形计算时间导数得到的 dI/dt 波形，可见 dI/dt 在 $t = 0.5$ μs 附近能达到最大值，表明所采用的 PSS 脉冲开关能够在极短的时间内实现开关导通。其中，在 $V_0 = 17.2$ kV 条件下，dI/dt 的最大值为 34 kA/μs。

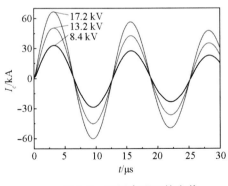

图 2.7　不同电压下的空载
放电电流（见彩插）

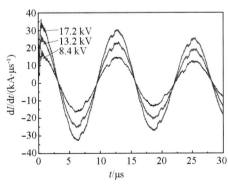

图 2.8　不同电压下的空载放电
电流陡度（见彩插）

根据观察，实测的 I_c 波形接近理想 RLC 电路特征。在欠阻尼条件下（阻尼比 $\xi < 1$），理想 RLC 电路的 I_c 可以通过以下理论公式计算

$$I_c(t) = \frac{V_0}{\sqrt{1-\xi^2}}\sqrt{\frac{C}{L}}\,\mathrm{e}^{-\xi(t/\sqrt{LC})}\sin\left(t\sqrt{\frac{1-\xi^2}{LC}}\right) \tag{2.1}$$

$$\xi = \frac{R}{2\sqrt{L/C}} \tag{2.2}$$

采用 Matlab 中的非线性拟合工具按照式（2.1）和式（2.2）对空载 I_c 波形进行拟合，确定系统的总电阻 R_t 与总电感 L_t，进而得到感应电路的寄生电阻 $R_0(R_0 = R_t)$ 和寄生电感 $L_0(L_0 = L_t - L_c)$。

计算结果如图 2.9 所示：L_0 与 R_0 均随 U_0 的增大而逐渐减小，且在 $V_0 > 15\ \mathrm{kV}$ 之后几乎保持恒定。分析认为，导致 R_0 变化趋势的机制为：在较低 V_0 下，PSS 中的气体介质（H_2）未能完全电离，其电离度和电导率随放电电压增大而显著增大；在较高 V_0 下，气体介质已经完全电离，进一步提高放电电压时其电导率几乎不再变化。相对而言，L_0 的变化幅度远小于 R_0，且在不同 V_0 下可视为常量，约为 122 nH。推测在所测试的放电电压范围内 L_0 的微小变化来自传输线受洛伦兹力作用的变形、PSS 中等离子体载流通道在大电流下的收缩等。

为了方便后续分析，采用指数函数对不同 V_0 下的 R_0、L_0 的计算结果进行拟合，拟合结果如下

$$R_0 = 0.163\ 8\exp(-V_0/1439) + 0.012\ 78 \tag{2.3}$$

$$L_0 = 1.503 \times 10^{-8}\exp(-V_0/14\ 837) + 1.145 \times 10^{-7} \tag{2.4}$$

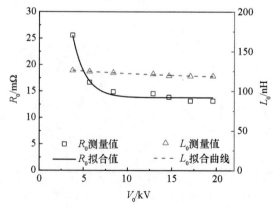

图 2.9　感应电路在不同电压下的寄生电阻与寄生电感计算结果

2.4.2　感应线圈表面上方空域的磁场时空分布特征

采用设计的 B-dot 探针阵列对空载放电状态下的感应线圈磁场进行测量，以确定其时空分布特性，测试电压 $V_0 = 17.2$ kV。

图 2.10 给出了感应线圈内外径中线上方，距离线圈上表面 z 为 3 cm、6 cm、9 cm、12 cm 四个位置处（对应图 2.11（a）所示测点位置）径向磁感应强度 B_r 随时间变化的情况。结果表明在空载放电状态下，线圈激发的磁场在空间中自由扩散，各个位置处的磁感应强度均有与图 2.7 所示电流波形相同的周期和相位，其幅值随轴向距离 z 的增大而逐渐减小。

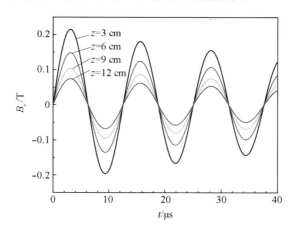

图 2.10　不同轴向位置的径向磁感应强度 B_r 随时间变化曲线（见彩插）

图 2.11 至图 2.13 依次给出了 $t = 3$ μs 时刻，B_r 和 B_z 随轴向位置 z、径向位置 r 及角向位置 θ 变化的空间分布情况。

图 2.11 所示径向磁场强度 B_r 随 z 的增大而呈指数衰减，衰减趋势可拟合为

$$B_r = 0.306\exp(-z/0.084\ 3) \tag{2.5}$$

由此推算感应线圈面板表面 $z = 0$ 处的径向磁感应强度 $B_r = 0.306$ T。

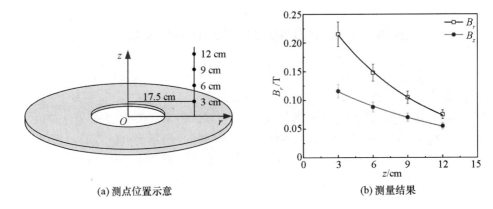

(a) 测点位置示意   (b) 测量结果

图 2.11 $t = 3\ \mu s$ 时刻 B_r 和 B_z 随轴向位置 z 变化的情况

图 2.12 表明在感应线圈内径内（$r < 0.1$ m），B_r 较低、B_z 较高，因此这一区域的磁场无法对等离子体产生有效加速；在感应线圈内外径之间（0.1 m $< r <$ 0.25 m），B_r 沿 r 方向分布相对均匀，且在内外径中线位置附近最大，B_z 则沿着 r 增大方向不断减小且在 $r > 0.2$ m 附近反向。B_z 的存在可能导致等离子体向半径方向运动。

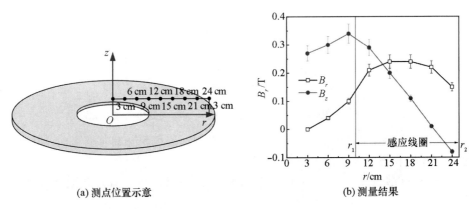

(a) 测点位置示意   (b) 测量结果

图 2.12 $t = 3\ \mu s$ 时刻 B_r 和 B_z 随径向位置 r 变化的情况

图 2.13 则表明 B_r 和 B_z 均具有良好的角向均匀性。

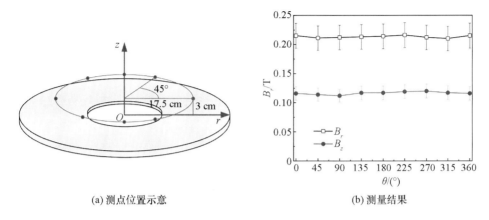

(a) 测点位置示意　　　　　　　　　(b) 测量结果

图 2.13　$t = 3\ \mu s$ 时刻 B_r 和 B_z 随角向位置 θ 变化的情况

2.4.3　PSS 的触发导通特性

喷注气团的 GPI 和导通脉冲电流的 PSS 分别由信号发生器的 CH1、CH2 通道信号触发。开展 PIT 实验研究，要求 GPI 开启与 PSS 导通之间的延迟时间 Δt 精确可控。定义 CH1 控制信号发出至 GPI 阀门簧片开始开启动作之间的时间为 GPI 的固有作动延迟时间 Δt_{PGV}；定义 CH2 控制信号发出至 PSS 导通之间的时间为 PSS 的固有导通延迟时间 Δt_{PSS}。为实现对 Δt 的精确控制，首先需要对 Δt_{PGV} 和 Δt_{PSS} 在不同工作参数下的大小及抖动进行测量。

本书作者的研究[57]表明 Δt_{PGV} 受阀门驱动电压影响显著，但在不同阀腔压强下几乎不变。据此，在开展实验研究的过程中，将阀门驱动电压固定为 1.5 kV，仅通过改变阀腔压强来调整脉冲供气量 m_{bit}。根据本书图 5.1 所示的触发控制系统结构及 GPI 工作原理可知，Δt_{PGV} 主要取决于控制信号光 – 电转换延迟、阀门驱动电路输入 – 输出延迟以及阀门簧片变形运动过程带来的延迟。实际测得 $\Delta t_{FPGV} \approx 35\ \mu s$，抖动不大于 5 μs。

用示波器同步采集信号发生器 CH2 输出的触发信号及感应电路电流 I_C 信号，通过波形对比可以得到 Δt_{PSS}。图 2.14 给出了 $V_0 = 19.2$ kV 下的三次重复实验结果，测得 $\Delta t_{PSS} \approx 6.5\ \mu s$，抖动不大于 0.5 μs。进一步地，对 V_0 为 3.8 ～ 19.6 kV 下的 Δt_{PSS} 进行测量，结果表明 Δt_{PSS} 的大小几乎不受 V_0 影响，不同 V_0 之间的差异不大于 1 μs。

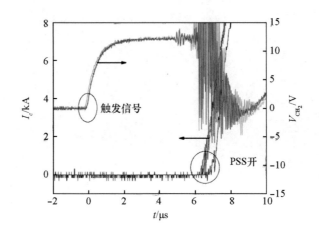

图 2.14   PSS 触发信号与放电电流曲线（见彩插）

综上所述，所设计的触发同步控制系统在不同工作参数下，均有 $\Delta t_{\text{FPGV}} \approx$ 35 μs 且其抖动不大于 5 μs，$\Delta t_{\text{PSS}} \approx 6.5$ μs 且其抖动不大于 1 μs；在进行 GPI 与 PSS 的触发同步控制时，实际的 Δt 相较于设定值偏大 27.5 μs，Δt 的控制精度在 6 μs 以内。本书作者的研究[56]表明，电离前感应线圈表面气团运动速度最大约 600 m/s，据此推算出 6 μs 对应的运动距离仅 3.6 mm，远小于感应线圈解耦距离 $z_0 = 8.43$ cm。因此，可以忽略由 Δt 控制误差带来的气体分布差异，所设计的触发同步控制系统完全满足 PIT 工作和实验研究要求。

第 3 章　脉冲气团喷注系统设计与测试

能够快速动作以产生具有陡峭前缘和后缘气团的脉冲喷注器，对于在感应线圈面产生致密的气体层和减少推进剂气体喷注过程中的损失是十分必要的。作为脉冲气团生成的脉冲阀不仅需要具有足够快的响应特性，即能够在百微秒的时间尺度内完全打开并在相同的时间内完全闭合，还需要具备适应放电能量水平调节单脉冲气体喷注质量的能力。本章介绍脉冲气团喷注系统的设计与相关性能测试。

3.1　气团喷注系统总体方案

3.1.1　喷注器结构与特征

参考 Mark-I 采用并一直沿用至今的轴向喷注式脉冲气团喷注器结构与组成，本书作者设计了如图 3.1 所示的脉冲气团喷注器结构方案。

如图 3.1 所示，喷注器有如下四个特征结构：

（1）安装在锥形塔台上的快速开关脉冲气体阀具有径向出口，出口外的阀体与安装在其上的导流板构成锥状环形喷嘴。当阀的通流孔打开时，气体由阀口喷出，在其前缘径向运动过程中与喷嘴侧壁发生碰撞而反弹，于阀口与喷嘴喉部之间的腔体中振荡形成驻室条件，能够提高脉冲气团的角向均匀性。

（2）锥状塔台采用非金属材料制成，避免感应电路放电时在塔台中产生感应涡流而影响推进效率。

（3）锥台底部外径与导流片外缘略小于感应线圈内径，以避免对等离子体电流片的加速通道造成干扰而影响推力器性能。

（4）推力器感应线圈的外围为环形非金属材料围坝。围坝高度 h 应恰好

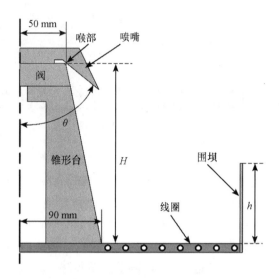

图 3.1　脉冲气体喷注器结构方案

能防止脉冲气团前缘在脉冲气团后缘到达线圈表面之前逸出线圈。此外，径向运动的气体与围坝碰撞后将向线圈中心反弹，有利于建立均匀的气体分布。

3.1.2　气体阀结构与工作原理

对气体阀的开关快速性要求是能在百微秒的时间尺度内完全打开并在相同的时间内完全闭合。借鉴 TRW 公司研制的 PIT Mark 系列气体阀结构，本书作者设计了如图 3.2 所示的快速开关气体阀。该阀从结构上分解为驱动线圈、线圈骨架、簧片、密封垫、限位块和主阀体等。其中，驱动线圈由单支导线等距

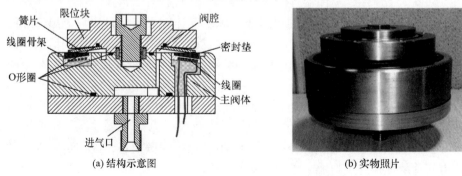

(a) 结构示意图　　　　　　　　　　(b) 实物照片

图 3.2　气体阀结构示意图与实物照片

旋绕在圆台侧面构成；线圈压入线圈骨架并固定在主阀体的线圈槽中；带有环形凸起的橡胶密封垫黏结在线圈骨架之上；簧片呈圆台侧面形状，内外表面都与线圈面平行，配置在密封垫与限位块之间。整阀装配完成时，簧片保持微小轴向变形，在变形产生的弹性力作用下，簧片内沿与限位块的 O 形圈以及密封垫外沿的环形凸起形成密封副，实现对阀腔的密封。

线圈和簧片构成阀的驱动机构，簧片为动作执行部件。阀驱动机构的工作原理如图 3.3 所示。当脉冲电流通过线圈时，在簧片中感应出与之流动方向相反的电流。感生电流与线圈电流相互作用，在簧片与线圈之间产生沿轴向的排斥力，如图 3.3 （a）所示。当轴向排斥力大于簧片的初始形变弹力时，簧片外沿开始抬升，簧片外沿与密封垫之间的密封副遭到破坏而形成径向出口，阀进入开启阶段，直到簧片与限位块碰撞，或者线圈中电流衰减到使簧片与线圈之间的排斥力不足以克服簧片变形所产生的弹性力时，阀口开度停止增大。在阀口开启阶段，阀腔中的高压气体膨胀流出；当簧片与线圈之间的排斥力不足以克服簧片变形所产生的弹性力时，簧片外沿开始回弹，阀进入闭合阶段，直到簧片恢复到初始状态时阀完成一个循环。

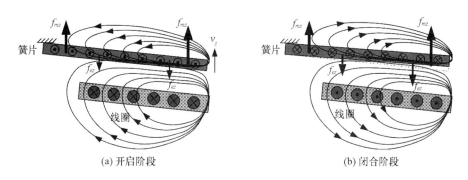

图 3.3　阀驱动机构工作原理

上述快速开关气体阀的主要优点是结构简单。簧片在充当动作执行部件的同时，又能够提供阀关闭过程所需的回复力，避免了使用额外的回复力提供机构。此外，驱动机构的独特设计使阀能在极短的时间内开启并在相应的时间内关闭。

簧片由高电导率的铍铜圆环片冲压成圆台侧面形状。在穿过的磁通变化相同条件下，电导率高的材料内感生电流大，相应的排斥力大，有利于阀的快速开启；圆台侧面形状的簧片在小变形情况下即能产生较大弹性回复力，利于在实现密封的同时减小轴向结构尺寸，使快速闭合成为可能。此外，阀中其他部件均采用无磁性材料，避免在 PIT 工作过程中气体阀材料对磁场位形和等离子体加速产生干扰。其中，密封垫采用橡胶材料，与回弹簧片发生非弹性碰撞时可吸收大部分动能，能够有效减小甚至消除簧片反弹。

3.1.3　气体阀驱动电路

根据对气体阀开关性能要求，本书作者设计了如图 3.4 所示的气体阀驱动电路方案。对储能电容器预先充电到额定电压，在阀开启时刻向脉冲功率晶闸管发送触发信号使其导通，则电容器－开关－线圈构成放电回路。在不考虑续流回路的前提下，回路中的电流呈指数衰减的正弦振荡波形。一般而言，此回路的电阻值为几十毫欧，电感值为数微亨，电容值为百微法量级，回路放电表现为欠阻尼状态。

为了避免电流振荡对阀开启过程的影响，同时为了避免电容器受较大反向电压的冲击，在电容器与阀的线圈之间并联续流二极管。如图 3.4 所示，驱动电路的续流方案有 a、b 两种接法。在 a 接法中，脉冲功率晶闸管参与放电全过程；而在 b 接法中，脉冲功率晶闸管只参与部分放电过程。因此，b 接法中的脉冲功率晶闸管相比 a 接法具有更长的使用寿命[146]。此外，b 接法中会有相对较大的反向电流流过脉冲功率晶闸管。根据晶闸管工作特性，较大的反向电流具有缩短其关闭时间的优势。因此，驱动电路的续流方案采用 b 接法。

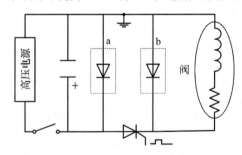

图 3.4　气体阀驱动电路示意图

3.2 驱动机构参数设计

3.2.1 簧片结构尺寸

簧片的结构尺寸参数包括簧片的外径、内径、高度和厚度。首先根据供气条件和脉冲供气量需求，确定径向阀口直径，也就大致确定了簧片的外径尺寸；其次综合考虑阀的装配和响应要求来确定外径尺寸；最后权衡能量利用效率和阀的响应要求以确定簧片厚度。

当阀开启时，阀腔中的气体（压强约为 1 atm）经阀口膨胀流入真空，将在阀口处出现壅塞。由于阀腔体积较大，供气口截面与阀的出口截面尺寸相当，并且单脉冲气体流通量很小，可以认为阀腔内气体压力和温度在供气过程中保持不变。阀单脉冲供气质量与阀口流通面积随时间变化相关。忽略工质气体黏度，单脉冲供气质量可表示为[107]

$$Q_{\mathrm{m}} = p \left(\frac{\gamma}{RT} \right)^{\frac{1}{2}} \left(\frac{2}{\gamma+1} \right)^{\frac{\gamma+1}{2(\gamma-1)}} \int_0^t A(\tau) \, \mathrm{d}\tau \tag{3.1}$$

其中，p 为阀腔气体初始压强；γ 为比热比；R 为气体常量；T 为阀腔气体温度。当推进剂为 Ar 时，$\gamma = 1.67$，$R = 208 \ \mathrm{J/(kg \cdot K)}$。

为了缩短阀开启时间，阀口开度不宜太大，在设计中取阀口最大开度为 0.5 mm。阀腔气体压强为 0.75 atm，阀口等效开通时间为 100 μs 时，单脉冲供气质量为 2.5 mg，计算得到径向阀口直径约为 72 mm。为了获得足够大的密封结构空间，取簧片的外径为 76 mm，略大于计算的阀口外径。簧片内径尺寸和高度的确定不仅受阀结构尺寸影响，还应考虑对阀动态响应特性的影响。当簧片外径尺寸不变时，若簧片的高度越高、内径越大，则簧片外径发生同样变形所需的驱动力将越大[147]。因此，在保证有足够安装空间的前提下，应尽量减小簧片的高度和内径。最终确定簧片高度为 2.5 mm，内径为 36 mm。

簧片的厚度不仅影响阀的响应特性，也影响系统的能量利用率。首先，从驱动力对簧片变形影响角度看，簧片厚度的增大将导致发生同样变形所需的驱动力增大，不利于阀的快速开启。但在簧片产生相同变形前提下，较厚的簧片能够储存较多的弹性势能，有利于阀的快速闭合。其次，由于存在趋肤效应，当线圈中电流频率较低且簧片厚度较小时，由线圈电流产生的磁场将透过簧片，降低能量利用效率。因此，簧片厚度应与驱动电路的放电频率匹配，确保其与趋肤深度相当[148]。

在电磁斥力机构中，线圈电流达到峰值时簧片所受的电磁力最大。期望阀在此刻开始作动，即阀驱动电路导通到阀开始作动的延迟时间为驱动电流周期的四分之一，该段延迟时间约为 50 μs。

采用如下的趋肤深度 δ 计算式

$$\delta = \sqrt{\frac{\rho_d}{\pi\mu_d f}} \tag{3.2}$$

其中，f 为磁场变化频率，即线圈电流频率，$f = 5$ kHz；r_d 为簧片的电阻率，$r_d = 2.86 \times 10^{-8}$ Ω·m；μ_d 为簧片的磁导率，近似与真空磁导率相等，$\mu_d = 4\pi \times 10^{-7}$ H/m。计算得到的趋肤深度为 1.2 mm，本书设计的簧片厚度为 1.5 mm。

3.2.2 线圈参数设计

簧片结构尺寸和线圈参数决定了驱动电路的放电电流波形，进而决定二者之间排斥力（洛伦兹力）的密度分布和时域演化，最终决定阀的动态响应特性。因此，确定了簧片结构尺寸之后，线圈参数是下一步需要优化设计的对象，包括线圈外径、线圈匝数、线匝间距（节距）、线径以及线圈与簧片之间的距离等。

本书采用等效耦合电路模型反映线圈与簧片的耦合特性，以动态响应特性约束下获得最大电能利用率为目标，优化线圈参数。

3.2.2.1 驱动机构等效耦合电路模型

将实际的螺旋形线圈用相同匝数的同轴单匝导体圆环代替，圆环的半径为原线圈中相应螺旋线的平均半径，各等效圆环在电路上为串联关系。螺旋线圈简化模型如图 3.5 所示。简化后，驱动机构简化为二维轴对称结构，线圈中的电流和簧片中的感生电流及其电磁现象都具有轴对称性。为了提高计算精度，在对驱动机构进行离散时，需要考虑趋肤效应的影响。离散导体单元环的截面尺寸相对于趋肤深度需要足够小，以确保电流在离散导体单元环中均匀分布。采用离散单元环表示的驱动机构如图 3.6 所示。离散时，先将簧片在厚度方向上离散成 n_t 个薄层，每个薄层再被离散成 n_r 个同轴单元圆环，簧片离散的导体单元环总数为 $N_d = n_t \times n_r$。由线圈等效的具有圆形截面的同轴圆环离散成 m 个具有正方形截面单元环，线圈离散的单元环总数为 $N_c = m \times n$，其中 n 为线圈匝数。

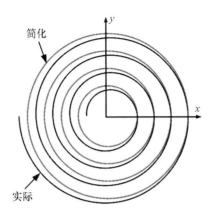

图 3.5　螺旋线圈简化模型

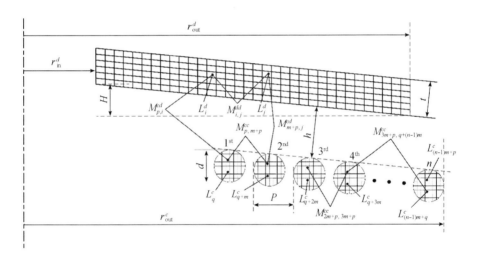

图 3.6　离散单元环表示的驱动机构示意图

　　为了简化计算，认为在线圈各导体圆环截面内相同相对位置处的离散单元环在电路上为并联；各导体单元环用电感和电阻串联的等效 RL 电路代替，则线圈可用 m 个并联的 RL 电路等效。簧片用 N_d 个相互独立的闭合 RL 圆环回路等效。图 3.6 所示的用离散单元环等效的驱动机构，可用一个 RLC 主回路同 N_d 个 RL 次级回路构成的耦合电路系统等效，等效电路如图 3.7 所示。

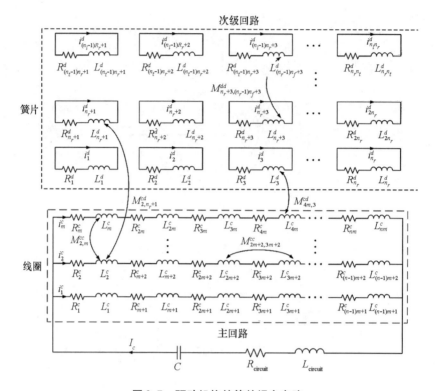

图 3.7   驱动机构的等效耦合电路

根据基尔霍夫电流电压定律，图 3.7 所示的耦合电路系统可用如下一阶常微分方程组描述

$$I_c R_p + L_p \frac{\mathrm{d}I_c}{\mathrm{d}t} + \sum_{j=1}^{n} R_{(i-1)n+j}^{c} i_i^c + \sum_{k=1}^{m} \sum_{j=1}^{n} M_{(i-1)n+j,(k-1)n+j}^{cc} \frac{\mathrm{d}i_k^c}{\mathrm{d}t} +$$

$$\sum_{j=1}^{n} \sum_{k=1}^{N_d} M_{(i-1)n+j,k}^{cd} \frac{\mathrm{d}i_k^d}{\mathrm{d}t} = u_c, \ i = 1,2,\cdots,m \qquad (3.3)$$

$$R_i^d i_i^d + \sum_{j=1}^{N_d} M_{i,j}^{dd} \frac{\mathrm{d}i_j^d}{\mathrm{d}t} + \sum_{k=1}^{m} \sum_{j=1}^{n} M_{i,(k-1)n+j}^{cd} \frac{\mathrm{d}i_k^c}{\mathrm{d}t} = 0, \ i = 1,2,\cdots,N_d \qquad (3.4)$$

$$I_c = -C \frac{\mathrm{d}u_c}{\mathrm{d}t} = \sum_{i=1}^{m} i_i^c \qquad (3.5)$$

其中，C 为电容器电容；u_c 为电容器电压；R_p 和 L_p 分别为驱动电路中的寄生电阻和寄生电感；I_c 为驱动电路电流，等于线圈圆环中各离散单元环中的电流 i_i^c 之和；$M_{i,j}$ 为第 i 个离散单元环与第 j 个离散单元环的互感，M 的上标表示单元

环的归属，如 M^{cc} 表示归属于线圈圆环中的两个单元环的互感，$M^{dd}_{i,i}$ 表示簧片中第 i 个单元环的自感；R_i 为第 i 个单元环的电阻，R 的上标 c、d 表示单元环归属于线圈或簧片。忽略脉冲放电时温升对材料电导率的影响，则电阻为

$$R_i = \frac{2\pi r_i}{\sigma_i a_i} \tag{3.6}$$

其中，r_i、a_i、σ_i 分别为第 i 个离散单元环的平均半径、截面积以及电导率。

3.2.2.2 电感与电磁力计算

计算具有一定截面尺寸的两导体圆环的互感时，可根据电流元素线法的思想，将两导体离散成具有正方形截面的单元环，其构造如图 3.8 所示。导体圆环 1、2 分别被离散成 n_1 和 n_2 个单元环，则两导体环间的互感可表示为[149]

$$M_{12} = \frac{1}{n_1 n_2} \sum_{i=1}^{n_1} \sum_{j=1}^{n_2} M_{i,j} \tag{3.7}$$

其中，$M_{i,j}$ 为第一个导体中第 i 个离散单元与第 2 个导体中第 j 个单元环的互感，忽略离散单元截面的影响，可表示为[149]

$$M_{i,j} = \mu_0 \sqrt{r_i r_j} \left[\left(\frac{2}{k_m} - k_m \right) K(k_m) - \frac{2}{k_m} E(k_m) \right] \tag{3.8}$$

$$k_m^2 = \frac{4 r_i r_j}{h^2 + (r_i + r_j)^2} \tag{3.9}$$

其中，$K(\cdot)$ 和 $E(\cdot)$ 分别为第一、二类完全椭圆积分；h 为两单元环的轴向距离；r_i 和 r_j 分别为两圆环的半径。

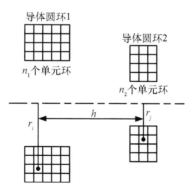

图 3.8　离散单元构造

导体环的自感也可采用上述方法进行计算，按照图 3.8 的离散方法，导体

环的自感可表示为

$$L = \frac{1}{n^2}\left(\sum_{i=1}^{n-1} \sum_{j=i+1}^{n} M_{i,j} + \sum_{i=1}^{n} l_i \right) \tag{3.10}$$

其中，$M_{i,j}$ 为第 i 个和第 j 个单元环间的互感；n 为离散单元数；L_i 为第 i 个单元环的自感。对于正方形截面的离散单元环，其自感可表示为[150]

$$l_i = r_i \mu_0 \left[0.5\left(1 + \frac{1}{6}c_i\right)\ln\left(\frac{8}{c_i}\right) - 0.848\,34 + 0.204\,1c_i \right] \tag{3.11}$$

其中，$c_i = (s_i/2r_i)^2$；s_i 和 r_i 分别为第 i 个离散单元的截面边长和平均半径。

根据上述电感计算方法，驱动机构中驱动线圈自感 L_c，簧片自感 L_d，驱动线圈与簧片间的互感 M，以及簧片与线圈间的互感耦合系数 k 可分别写成

$$L_c = \frac{1}{m^2}\left(2\sum_{i=1}^{N_c-1}\sum_{j=i+1}^{N_c} M_{i,j}^{cc} + \sum_{i=1}^{N_c} L_i^c\right) \tag{3.12}$$

$$L_d = \frac{1}{N_d^2}\left(2\sum_{i=1}^{N_d-1}\sum_{j=i+1}^{N_d} M_{i,j}^{dd} + \sum_{i=1}^{N_d} L_i^d\right) \tag{3.13}$$

$$M = \frac{n}{N_c N_d}\sum_{i=1}^{N_c}\sum_{j=1}^{N_d} M_{i,j}^{cd} \tag{3.14}$$

$$k = \frac{M}{\sqrt{L_c L_d}} \tag{3.15}$$

式（3.12）至式（3.15）中各参数定义与 3.2.2.1 节相同。其中 L_i^c 和 L_i^d 可采用式（3.11）计算；$M_{i,j}^{cc}$、$M_{i,j}^{dd}$、$M_{i,j}^{cd}$ 采用式（3.7）计算。为了简化计算，在进行单元离散时，应使簧片和线圈的离散单元环具有相同的截面尺寸。

采用离散的方法计算电感（L_c，L_d，M），其计算精度随着离散单元数的增大（截面尺寸减小）而提高，同时带来了计算量的增大。为了确定合适的单元截面尺寸以保证电感计算精度，先采用较小的离散单元数量（较大截面尺寸）计算簧片自感（L_d），逐渐增大单元数量进行重复计算，直至相邻两次计算结果偏差都小于 0.01%，此时所对应的单元截面尺寸即为最优截面尺寸，并认为在该离散单元截面尺寸条件下，线圈自感以及线圈与簧片的互感计算结果均满足计算精度要求。簧片自感随离散单元截面尺寸变化如图3.9所示。当离散单元边长由 0.5 mm 减小到 0.25 mm 时，计算电感的改变量约为 0.001 2%，所以离散单元截面边长确定为 0.25 mm。此时簧片单元数为 $N_d = 6 \times 80$，线圈等效导体环截面上的单元数 $m = 24$。

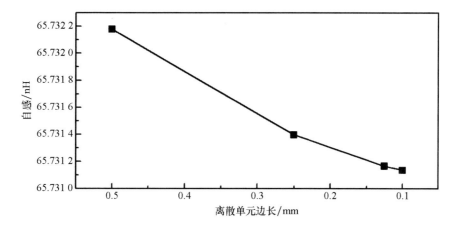

图 3.9　簧片自感与离散单元边长的关系

簧片中各离散单元环所感受的轴向洛伦兹力可表示为

$$F_i = \sum_{j=1}^{m} \sum_{k=1}^{n} i_j^c i_i^d \frac{\mathrm{d}M_{j+(k-1)m,i}^{cd}}{\mathrm{d}z} \tag{3.16}$$

簧片中的洛伦兹力分布呈现不均匀性。为了便于在不同线圈参数下对洛伦兹力进行定量对比，本书引入洛伦兹力冲量矩概念，即将簧片中轴向洛伦兹力对其中心轴取矩再对时间积分，其数学表达式为

$$H_{mf} = \int_0^{t_h} \sum_{i=1}^{N_d} F_i r_i \mathrm{d}t \tag{3.17}$$

其中，t_h 为线圈驱动电流半波时间。簧片加速过程一般只发生在驱动电流的第一个半波内，因此洛伦兹力冲量矩只在该时间段内进行计算。H_{mf} 越大意味着阀的响应特性越好。

3.2.2.3　数值实验设计与分析

线圈与簧片间的距离对动态特性的影响是正相关的，该参数将不被考虑，仅研究匝数、节距、外径、线径四个因素对互感耦合系数和电磁力特性的影响。采用正交实验设计方法，对上述每一因素均考虑四个水平，如表 3.1 所示，其中 N 为匝数，P 为节距，r_{out}^c 为外径，w_d 为线径。基于 L_{16}（4^5）正交表设计的数值实验方案如表 3.2 所示。不同线圈参数下的互感耦合系数 k 和洛伦兹力冲量矩 H_{mf} 的计算结果如表 3.3 所示，其中簧片的计算自感为 65.73 nH。进行 H_{mf} 计算时，电容值设定为 300 μF，电容初始电压为 1300 V，簧片与线圈的距离为 4 mm。

表 3.1 线圈影响因素及水平划分

水平	N/圈	P/mm	r_{out}^c/mm	w_d/mm
1	3	0.25	34	0.75
2	4	0.5	36	1
3	5	0.75	38	1.5
4	6	1	40	2

表 3.2 基于 L_{16}（4^5）正交表设计的数值实验方案

编号	N/圈	P/mm	r_{out}^c/mm	w_d/mm
1	1	1	1	1
2	1	2	2	2
3	1	3	3	3
4	1	4	4	4
5	2	1	2	3
6	2	2	1	4
7	2	3	4	1
8	2	4	3	2
9	3	1	3	4
10	3	2	4	3
11	3	3	1	2
12	3	4	2	1
13	4	1	4	2
14	4	2	3	1
15	4	3	2	4
16	4	4	1	3

表 3.3　不同线圈参数的数值计算结果

编号	$L_c/\mu H$	$M/\mu H$	k	$H_{mf}/(N \cdot m \cdot \mu s)$
1	1.413	0.165 78	0.543 971	25.66
2	1.370 7	0.166 67	0.555 266	28.81
3	1.261 5	0.164 87	0.572 549	31.99
4	1.206 9	0.161 32	0.572 753	30.3
5	1.998	0.219 59	0.605 94	49.31
6	1.555 3	0.207 24	0.648 159	42.13
7	2.557 5	0.214 18	0.522 379	37.66
8	2.141 8	0.221 19	0.589 51	44.4
9	2.677 8	0.269 35	0.642 011	68.91
10	3.115 3	0.270 87	0.598 585	68.01
11	2.674	0.263 38	0.628 228	52.84
12	2.942 5	0.274 11	0.623 278	54.3
13	5.140 5	0.323 69	0.556 854	73.48
14	4.810 8	0.331 71	0.589 882	73.34
15	2.750 8	0.292 97	0.688 983	72.24
16	2.705 3	0.283 58	0.672 485	65.89

　　根据表 3.3，互感耦合系数 k 与洛伦兹力冲量矩 H_{mf} 的极差分析如表 3.4 所示。根据极差值的大小，k 的影响因素由主至次依次为 $w_d \rightarrow N \rightarrow r_{out}^c \rightarrow P$。算例中所考虑因素对指标 k 的影响趋势如图 3.10 所示，使 k 最大的水平组合为 $(N|4, P|4, r_{out}^c|1, w_d|4)$。类似地，$H_{mf}$ 的影响因素由主至次依次为 $N \rightarrow r_{out}^c \rightarrow w_d \rightarrow P$。图 3.11 为线圈各因素水平对 H_{mf} 的影响趋势，水平组合 $(N|4, P|1, r_{out}^c|3, w_d|4)$ 可使指标 H_{mf} 最大。

表 3.4　计算结果极差分析

项目	因素	N	P	r_{out}^{c}	w_d
k	K_1	2.244 539	2.348 776	2.492 843	2.279 51
	K_2	2.365 988	2.391 892	2.473 467	2.329 858
	K_3	2.492 102	2.412 139	2.393 952	2.449 559
	K_4	2.508 204	2.458 026	2.250 571	2.551 906
	k_1	0.561 135	0.587 194	0.623 211	0.569 878
	k_2	0.591 497	0.597 973	0.618 367	0.582 465
	k_3	0.623 026	0.603 035	0.598 488	0.612 39
	k_4	0.627 051	0.614 507	0.562 643	0.637 977
	极差	0.065 916	0.027 313	0.060 568	0.068 099
	因素主次	\multicolumn{4}{c}{$w_d \to N \to r_{\text{out}}^{c} \to P$}			
	优选方案	4	4	1	4
$H_{mf} = \int_0^{th} M_{mf}\,\mathrm{d}t\,/(\text{N}\cdot\text{m}\cdot\mu\text{s})$	K_1	116.76	217.36	186.52	190.96
	K_2	173.5	212.29	204.66	199.53
	K_3	244.06	194.73	218.64	215.2
	K_4	284.95	194.89	209.45	213.58
	k_1	29.19	54.34	46.63	47.74
	k_2	43.375	53.072 5	51.165	49.882 5
	k_3	61.015	48.682 5	54.66	53.8
	k_4	71.237 5	48.722 5	52.362 5	53.395
	极差	42.047 5	5.657 5	8.03	6.06
	因素主次	\multicolumn{4}{c}{$N \to r_{\text{out}}^{c} \to w_d \to P$}			
	优选方案	4	1	3	4

　　由于两考核指标的最优水平组合并不一致,因此需要进行综合权衡。从图 3.10 和图 3.11 中可看出,因素 N 对两考核指标影响较大且趋势相同,所以选 $N|4$ 可以使两指标达到最优;因素 P 对两个考核指标影响最小,考虑到实际结构和绝缘问题,该因素选取 $P|2$;因素 r_{out}^{c} 对两个考核指标的影响趋势相反,k 随 r_{out}^{c} 增大而减小,而对 H_{mf} 的影响不显著,为了兼顾能量利用率选取 $r_{\text{out}}^{c}|3$;因素 w_d 对 k 的影响较大,对 H_{mf} 的影响不大,为了提高能量利用率,选取

$w_d|4$。因此，综合权衡的最优方案为（$N|4$，$P|2$，$r_{\mathrm{out}}^c|3$，$w_d|4$）。

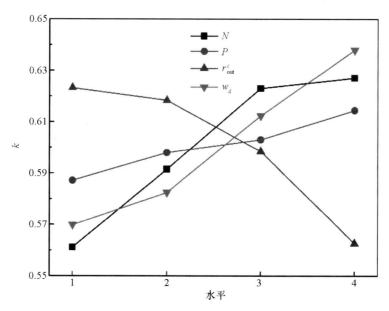

图 3.10　线圈各因素水平对 k 的影响趋势

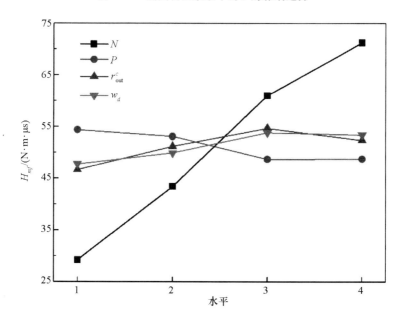

图 3.11　线圈各因素水平对 H_{mf} 的影响趋势

3.3　密封设计与分析

气体阀出口处的密封结构如图 3.12 所示，簧片在初始预紧力 F 的作用下与密封垫的环形凸起接触并形成密封副。由于阀出口外部是真空环境，出口内外压差较大，为保证密封的可靠，密封副上的接触压力必须足够大。为了确定实现可靠密封所需的预紧力，同时获得簧片的相对变形量，为限位块和主阀体的设计提供依据，采用有限元法分析密封结构在预紧力作用下的密封面压力。

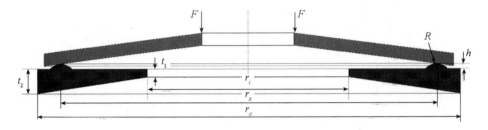

图 3.12　气体阀出口处的密封结构示意图

阀的密封结构采用如下简化模型：阀腔气体在密封结构上产生的压力可以忽略；密封垫的下表面及其内外两侧面固定；簧片仅在初始预紧力 F 的作用下与密封垫的凸起接触并形成密封副。根据密封副理论可知：求解不同 F 所对应的密封副最大接触压力，并与密封材料的密封比压对比，便可获得保证密封性能的初始预紧力 F，继而获得簧片在密封面处的变形量。

密封垫的材料为氟橡胶，采用两参数的 Mooney-Rivlin 模型[151]描述其本构关系，可表示为

$$W = C_{10}(I_1 - 3) + C_{01}(I_2 - 3) \tag{3.18}$$

其中，W 为应变能函数；I_1、I_2 为第一、二 Green 变形张量；C_{10}、C_{01} 为材料参数，且在实际应用中由试验测定得出。由于不具备试验测量条件，本书采用经验公式确定材料参数值，下面给出计算过程。

橡胶剪切模量 G 与材料参数 G_{10}、G_{01} 存在如下关系

$$G = 2(C_{10} + C_{01}) \tag{3.19}$$

在小变形假设前提下，材料的剪切模量 G 与弹性模量 E 的关联式为

$$G = \frac{E}{2(1 + \mu)} \tag{3.20}$$

其中，μ 为泊松比。由于橡胶材料的不可压缩性，可近似认为 $\mu \approx 0.5$。结合式（3.19）和式（3.20），可推导出如下关系

$$E = 6(C_{10} + C_{01})\qquad(3.21)$$

采用文献［152］推荐的经验关联式

$$C_{01} = 0.25C_{10}\qquad(3.22)$$

组合以上各式可知，已知橡胶材料弹性模量 E 便可求得材料参数。此外，橡胶弹性模量 E 与其硬度的关联式[151]为

$$E = \frac{15.75 + 2.5HA}{100 - HA}\qquad(3.23)$$

其中，HA 为橡胶材料的邵氏硬度。本书研究中使用的氟橡胶的邵氏硬度约为 75°，计算得其弹性模量 $E \approx 8$ MPa，因此可得材料参数 $C_{10} = 1.07$，$C_{01} = 0.27$。

采用 COMSOL 软件对簧片与密封垫的接触问题进行模拟分析。根据图 3.12 所示的密封结构建立相应的有限元仿真模型，各参数如表 3.5 所示。密封副接触面中的密封比压与预紧力的关系如图 3.13 所示。

表 3.5　密封垫结构参数　　　　　　　　单位：mm

参数	r_i	r_s	r_o	t_1	t_2	R	h
数值	26	37	40	1	3	2	0.6

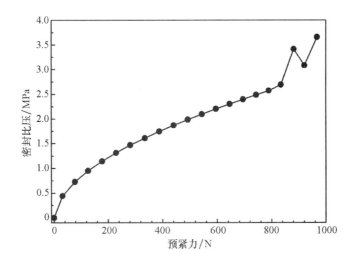

图 3.13　密封比压与预紧力的关系

根据经验，在真空环境下采用普通橡胶构造密封副时，其密封比压取1.3 MPa为宜[84]。为保证密封可靠，本书研究中取密封比压为 2 MPa，对应的预紧力约为 500 N，簧片在密封面处的轴向变形约为 0.3 mm。

3.4 驱动电路元件参数确定

3.4.1 电容器参数确定

气体阀的驱动电路（忽略续流回路）集总参数模型如图 3.14 所示。其中，R_e 为线圈放电回路的等效电阻，L_c 为线圈的自感，L_p 为线圈放电回路的寄生电感，L_d 为簧片自感，R_d 为簧片的等效电阻，M 为簧片与线圈的互感。

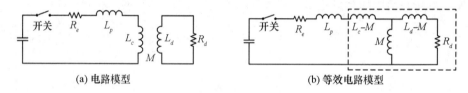

(a) 电路模型   (b) 等效电路模型

图 3.14 气体阀的驱动电路集总参数模型

根据 3.2 节所确定的驱动机构结构参数以及电感、电阻的计算方法，在忽略频率影响的前提下，L_c、M 以及 R_d 的计算结果分别为 3.23 μH、0.32 μH 和 0.17 mΩ。图 3.14（a）的电路可被等效为图 3.14（b）所示的电路。本书实验研究中测量得到主放电回路的电流最高频率约为 5 kHz，在该频率下 R_d 远小于 $L_d - M$ 对应的感抗，可以被忽略。因此，图 3.14（b）中虚线框内部分可以表示成线圈等效电感的形式

$$L_e = L_c - M + \frac{1}{\dfrac{1}{M} + \dfrac{1}{L_d - M}} = L_c - \frac{M^2}{L_d} \tag{3.24}$$

因此，气体阀驱动机构的线圈内电流动态方程为

$$\left(L_p + L_c - \frac{M^2}{L_d}\right)\frac{\mathrm{d}i}{\mathrm{d}t} + R_e i + \frac{1}{C}\int i\mathrm{d}t = U_c \tag{3.25}$$

其中，C 为电容器的电容；U_c 为电容器充电电压。线圈放电回路中的电流呈现欠阻尼振荡波形，其振荡周期可表示为

$$T = \cfrac{2\pi}{\sqrt{\cfrac{1}{(L_p + L_c - M^2/L_d)C} - \cfrac{R_e^2}{4(L_p + L_c - M^2/L_d)^2}}} \qquad (3.26)$$

采用 LCR 表对线圈放电回路的寄生电感和电阻进行测量，得到 $L_p \approx 1.5\ \mu\text{H}$，$R_e \approx 55\ \text{m}\Omega$。如前文所述，期望线圈电流达到峰值的时间即电流周期的四分之一约为 50 μs，据此计算得到的电容器的电容 $C = 296.18\ \mu\text{F}$。

由图 3.14（b）中的电路和式（3.24）可知，在线圈附近引入金属导体将使线圈放电回路的等效电感减小。考虑到阀体中其他金属部件对线圈的影响，放电回路实际的电感值将比上述估计值更小。为了保证放电周期不变，选取更大一些的电容器电容 $C = 350\ \mu\text{F}$。

3.4.2　晶闸管主要参数确定及选用

对于作为脉冲放电回路开关的晶闸管，须根据回路中的脉冲电流幅值、时域陡度及最大隔断电压等特性确定参数和选型。根据式（3.25），回路中的电流表示为

$$i(t) = \frac{U_0}{\omega L}\exp(-\delta t)\sin(\omega t) \qquad (3.27)$$

其中

$$\omega = \sqrt{\frac{1}{(L_p + L_c - M^2/L_d)C} - \frac{R_e^2}{4(L_p + L_c - M^2/L_d)^2}} \qquad (3.28)$$

$$\delta = \frac{R_e}{2(L_p + L_c - M^2/L_d)} \qquad (3.29)$$

U_0 为电容器的初始充电电压，最高为 2000 V。根据所确定的电路参数可知，流过晶闸管的峰值电流约为 14.276 kA，最大电流陡度 di/dt 约为 628 A/μs。基于上述特性，选用株洲时代电气的 MKPx 250 - 065 型脉冲功率晶闸管，其允许通过的脉冲电流幅值 $I_p > 50$ kA（正弦半波，$t_p < 500$ ms），最大电流陡度 $di/dt > 3000$ A/μs，隔断态和反向不重复峰值电压（$V_{\text{DSM}}/V_{\text{RSM}}$）为 6500 V，满足作为气体阀驱动电路主开关的要求。选用的续流回路的二极管型号为 ZPx 2100 - 52，其正向不重复浪涌电流 I_{FSM} 为 35 kA，反向重复峰值电压 V_{RRM} 为 5200 V。晶闸管组件及其控制器实物如图 3.15 所示。

图 3.15　脉冲电力晶闸管组件及其控制器实物

3.5　气体阀性能测试

3.5.1　测试方案和原理

3.5.1.1　响应特性测试原理

在传统感应斥力阀的响应特性测量研究中，多采用高速摄像机或位移传感器（磁栅尺）进行测试。由于这类阀的动作极快，为了获取阀的完整工作过程数据，要求传感器有极高采样频率的同时，能够记录足够的数据点。文献 [100] 中采用的高速相机和文献 [103] 中采用的磁栅尺均不能同时满足以上两点要求。本书作者提出了一种基于透光法的阀响应特性测量方案，阀口开度测试原理如图 3.16 所示。使一束激光从位于密封垫外沿凸起处正上方簧片与限位块间的缝隙穿过，光轴与阀中轴线垂直；在阀的另一侧放置一个光电探测器，用以探测透过所测缝隙的光功率。在阀工作过程中，阀口上方簧片与限位块间缝隙的变化与阀口开度相当，并且影响透过缝隙的光功率。因此，可以通过光电探测器接收到的光功率变化指示缝隙大小的变化，间接地获得阀口开度与时间的关系。

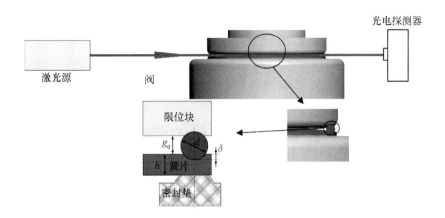

图 3.16　透光法测量阀口开度原理示意图

在阀开启过程中，透过缝隙的光功率随着缝隙减小而减弱，同时光电探测器输出信号（电压）逐渐减小。而在阀闭合过程中，被测缝隙逐渐变大，透过缝隙的光功率逐渐增强，光电探测器的输出电压逐渐增大。阀中被测缝隙的初始值 g_0 小于簧片厚度 h。在测量过程中，当阀完全打开时，即阀口达到限位块限定的最大位移时，应避免激光从阀口透过。此外，当阀接近完全闭合时，簧片仍具有较大动能，与密封垫接触时会使后者压缩，导致所测缝隙增大至 $g_0 + \Delta g$（Δg 为密封垫压缩量）。因此，落在簧片上的光斑尺寸 δ 应满足 $\Delta g < \delta < h - g_0$，激光束直径 d 应满足 $d > g_0 + \delta$。这样可以确保在阀完全打开时光束不穿过阀口，并且能够反映阀闭合过程中簧片对密封垫的压缩和反弹。

光电探测器输出电压与其接收的光功率成正比，对于某一给定波长的光，比例常量可表示为

$$R(\lambda) = \frac{V_{pd}}{P_l} \tag{3.30}$$

其中，R（λ）为与波长 l 有关的比例常量；P_l 为光功率；V_{pd} 为光电探测器输出电压。由于所测缝隙相对光束直径尺寸较小，可忽略测量过程中光束形状对穿过所测缝隙光功率的影响，即认为穿过缝隙的光功率正比于缝隙的大小。因此，光电探测器输出电压正比于缝隙大小，即 $V_{pd} \propto g$。根据光电探测器的输出电压，阀口开度可表示为

$$S(t) = g_0 \left(1 - \frac{V_{pd}(t)}{V_{pd}(0)} \right) \tag{3.31}$$

其中，$S(t)$ 为阀口开度；$V_{pd}(t)$ 为 t 时刻光电探测器输出电压。该测量方法的

不足是易受激光–缝隙准直性影响,如图 3.17 所示。当光束偏离阀中轴线垂直位置,通过被测缝隙的光功率将不再与缝隙大小成正比。

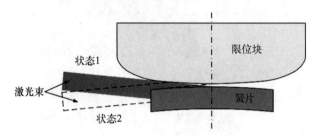

图 3.17　激光–缝隙准直性对阀响应特性测量的影响

3.5.1.2　单脉冲供气质量测量

　　测量单脉供气质量的方法主要有两种。一种是在切断阀腔入口供气条件下,通过测量阀工作一个脉冲后阀腔中气体压强变化,根据阀腔体积和阀腔气体温度计算出单脉冲供气质量,如图 3.18(a)所示。阀腔中的气体压强一般在 0.5 atm 以上,而阀的单脉冲供气质量很小,导致阀腔气体压强变化小,一般的压力传感器很难精确测量压强变化。此外,装配之后构成阀腔边界的簧片与密封垫均发生形变,导致通过结构设计参数计算的阀腔容积与实际量值不能精确相符,因此需要采用其他手段对阀腔容积进行标定。另一种测量方法是基于 PVT 气体流量测量法[153],其基本测量原理是使阀向已知容积为 V 的目标真空容器充气,当阀完成一个脉冲工作循环后,测量目标容器中的气体温度 T 和绝对压强 P,如图 3.18(b)所示,则阀单脉冲喷注的气体质量为

$$\Delta m = \frac{(P - P_0)V}{RT} \approx \frac{PV}{RT} \tag{3.32}$$

其中,P_0 为目标容器初始气体压强,在实际测量时一般为 10^{-3} Pa 量级,可以避免初始气体压强对单脉冲供气质量的影响;R 为工质气体的气体常数。为了提高测量的准确度,需要根据预期的单脉冲供气质量设计合适的目标容器容积,使测量时目标容器中的气体压强处在压力变送器可精确测量范围内。相较于第一种测量方案,该方案可获得更精确的单脉冲气体质量。因此,在本书研究中采用第二种方案进行阀单脉冲供气质量测量。

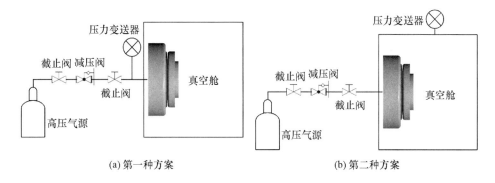

(a) 第一种方案   (b) 第二种方案

图 3.18　两种单脉冲供气质量测量方案示意图

3.5.2　测试系统设计与实验

本书搭建了如图 3.19 所示的气体阀特性测试系统，其实物如图 3.20 所示。

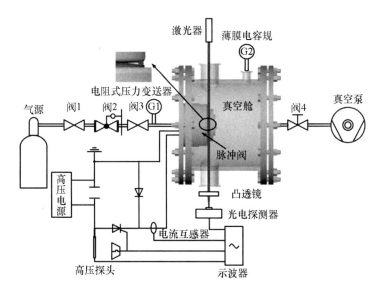

图 3.19　测试系统示意图

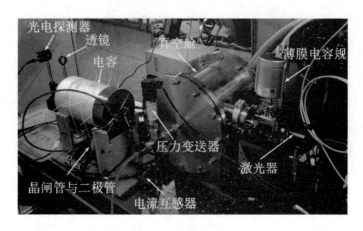

图 3.20 测试系统实物照片

如图 3.19 所示，被测阀置于具有一定容积的特定真空测试舱中，测试舱体两侧均预置视线同轴的观察窗，且观察窗中心轴线与阀中心轴垂直。激光器和光电探测器分别置于测试舱体两侧的调整架上。调整架自身具有俯仰和偏转调节功能，安装在二维平移台，能够保证激光-缝隙准直性。激光器型号为 Thorlabs CPS635R，波长 635 nm，发散角 0.6 mrad，出射光斑直径约 2.9 mm。光电探测器型号为 Thorlabs DET 10A，响应时间 1 ns，由于预计阀的响应时间为数十微秒量级，因此光电探测器的性能满足阀的响应特性测量需求。光电探测器的感光面相对穿过被测缝隙的光斑尺寸较小，为了便于收光，在光电探测器前布置一凸透镜对光束进行聚焦。

阀的线圈电流由电流互感器测量，电容器的电压由高压探头监测。光电探测器、电流互感器以及高压探头的输出电压信号均由示波器记录。晶闸管门极触发信号为一方波脉冲，以其前缘作为示波器记录基准。采用莱宝 CERAVAC CTR101N 薄膜电容规测量真空测试舱的绝对气体压强，该电容规量程为 $1 \times 10^{-4} \sim 1$ Torr（0.01~133 Pa），测量不确定度为读数的 0.12%。采用电阻规测量阀腔中的气体压强，最大测量上限为 120 kPa，测量精度为量程的 3%。

测试时的操作流程如下：首先，关闭截止阀 1、3、4，并调整光路，使激光-缝隙准直。其次，打开截止阀 3 和 4 并对测试舱进行抽真空，当测试舱的真空度达到 10^{-3} Pa 量级时关闭截止阀 3 和 4；随后打开截止阀 1，并且调节减压阀 2，将阀腔气体压强调节至所需的工作气体压强。最后，触发晶闸管，从阀口喷出的气体将导致测试舱气体压强增加，通过薄膜电容规的控制器可测得稳定后的压强。

3.5.3 测试结果与分析

3.5.3.1 密封性

阀腔气体压强设定为100 kPa，当测试舱真空度为 10^{-3} Pa 量级时，关闭截止阀4，10 s 内测试舱压升为0.12 Pa。薄膜电容规的响应时间约为50 ms，所以测得的气体压强值是可信的。计算得到测试舱的漏率约为 7.8×10^{-5} Pa·m³/s，考虑到测试舱本身固有漏率，阀的实际漏率应小于该试验测量值，因此认为密封性能满足后续测试研究需求。

3.5.3.2 重复性

对于阀的重复性，可以从线圈电流、光电探测器输出电压以及单脉冲供气质量三方面进行表征。电容器初始电压设定为1500 V、阀腔气体压强为75 kPa时，线圈电流和光电探测器输出电压的三次测量结果分别如图3.21 和图3.22所示。由图可见，三次测量的电流曲线和光电探测器输出电压各自的重合度均很高。其中，图3.23 显示了电容器初始电压为1500 V 时不同阀腔气体压强下的测试舱压升值，三次测量的最大标准偏差为0.19。以上结果表明所研制的脉冲气体阀具有良好的重复性。

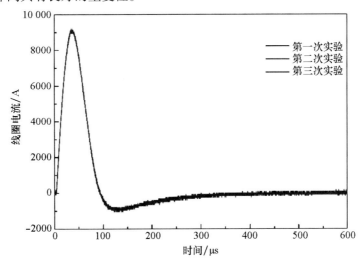

图3.21 线圈电流（见彩插）

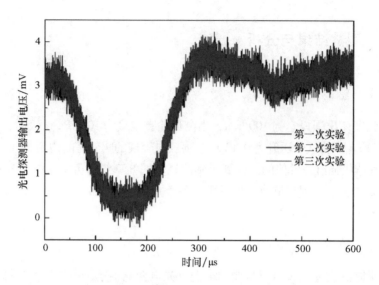

图 3.22　光电探测器输出电压（见彩插）

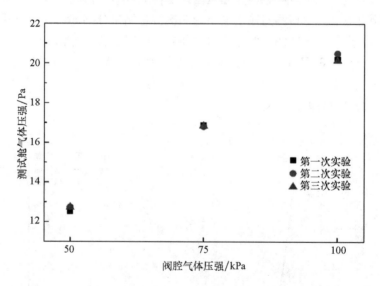

图 3.23　不同阀腔气体压强下的测试舱气体压强（见彩插）

3.5.3.3　线圈与回路电流特性

阀腔气体压强为 75 kPa 时，不同电容器初始充电电压驱动的线圈电流如图 3.24 所示，图中每条曲线均为相同条件下三次测量数据的平均值（下文所述的试验结果，若不特殊说明均为三次测量数据的平均值）。

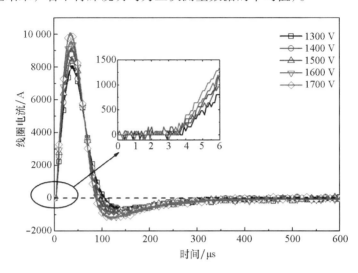

图 3.24　不同驱动电压下线圈电流波形（见彩插）

图 3.24 的电流波形表明：从向晶闸管发出触发信号到晶闸管完全导通（线圈电流开始显著上升）的延迟时间约为 3.8 μs；同时，续流回路并非处于理想状态，仍存在小幅值的反向电流，并且反向电流幅值随着驱动电压的增大而增大。造成上述现象的主要原因是二极管导通后的续流回路中存在阻抗。电容器中的电场能完全释放后，主放电回路中的电流尚未衰减到零，以磁场能的方式储存在线圈中；随后，线圈中有电流沿原来的方向继续流动，其中一部分流过续流回路，而另一部分为电容器反向充电。当线圈中的磁场能释放完毕后，电容开始反方向放电，大部分电流经续流支路流回电容器，只有少部分经线圈流回电容器。晶闸管在电容器反向放电过程中处于反向偏置状态，当反向流过晶闸管的电流达到一定阈值，晶闸管开始恢复反向截止特性，线圈中的电流迅速衰减为零。

3.5.3.4　阀门开关动态特性

不同驱动电压下光电探测器的输出电压如图 3.25 所示。从图中可见，光电探测器输出电压的最小值随着驱动电压的增大而减小，意味着阀口所能达到的最大开度随着驱动电压的增大而增大。但当驱动电压为 1600V 和 1700V 时，对应的光电探测器输出电压波形存在尖峰，并且两尖峰对应的光电探测器输出电压相同，不再呈现随着驱动电压增大而减小的趋势。推测尖峰是由阀开启过程中簧片达到限位块所限定的最大位移后与限位块发生碰撞后反弹造成的，并且意味着在该驱动条件下阀可以完全打开。因此可以推断，存在一个阈值电压（1500~1600 V）能够使阀恰好可以完全打开。在阀闭合的过程中，光电探测器的输出电压恢复至初始值（3.25 mV）后开始振荡。这是因为簧片回到初始位置时仍具有较大动能，与密封垫发生非弹性碰撞，簧片的机械能转换成密封垫的弹性势能和热能，随后密封垫储存的弹性势能释放并转换为簧片的动能。簧片压缩密封垫后再回弹的现象会持续至簧片和密封垫系统的动能被全部耗散，因此被测缝隙因簧片在初始位置附近的振荡而表现出增大－减小交替变化的现象，光电探测器输出电压也就表现为在初始值附近振荡。通过对光电探测器输出电压定量分析，发现簧片的二次反弹量仅为阀口最大位移的约 10%，回弹量较小，几乎不构成二次开启。

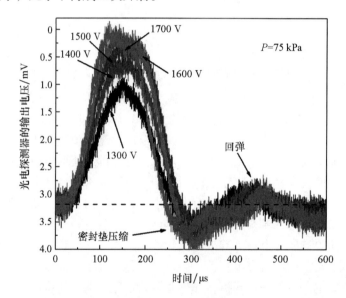

图 3.25　不同驱动电压下光电探测器的输出电压（见彩插）

由图 3.25 可见，阀完全打开时的输出电压大于零，表明在簧片接触限位块时仍有光穿过。因此，阀完全打开时光通量为零的假设不再成立，需对阀口开度与光电探测器输出电压的关联式（3.31）进行修正。从图 3.25 中可以看出，光电探测器输出电压在阀开启和闭合阶段均是单调的，因此可以认为通过所测缝隙的光功率与缝隙大小呈线性关系的假设仍成立，即

$$(V_{pd} - V_0) \propto g \qquad (3.33)$$

因此将式（3.31）修正为

$$S(t) = g_0 \left(1 - \frac{V_{pd}(t) - V_0}{V_{pd}(0) - V_0} \right) \qquad (3.34)$$

其中，V_0 为阀完全打开时所对应的光电探测器输出电压。对 1600 V 和 1700 V 时的输出电压滤波后，得到 $V_0 = 0.15$ mV。被测缝隙的初始值 $g_0 \approx 0.65$ mm。将图 3.25 中的数据转换成阀口开度并进行滤波处理后得到图 3.26，图中的负位移表示簧片压缩密封垫的现象。

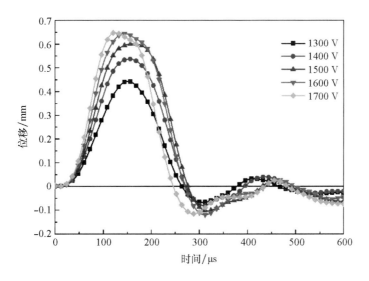

图 3.26　不同驱动电压下阀口开度

引入如下定义：从晶闸管触发信号前缘到簧片开始作动的时间为阀的作动延迟时间；在阀开启阶段，簧片由阀口所能达到最大位移的 10% 到 90% 的运动时间为阀的开启时间；在闭合阶段，簧片由所能达到最大开度的 90% 到 10% 的运动时间为阀的闭合时间。阀的作动延迟时间、开启时间、闭合时间、最大开度及以半峰全宽（Full Width at Half Maximum，FWHM）表征的开 – 关脉冲宽度如图 3.27 所示。在试验条件下，阀的作动延迟时间均不大于 40 μs，并且随着驱动电压的增大而略有减小。阀的开启和闭合时间近似相等，满足设计之初的要求。当驱动电压大于阀完全开启的阈值电压时，FWHM 随着电压的升高而减小。这是由于在较高驱动电压下有更多的电能转化为簧片的动能，从而缩短了阀的开启时间，同时意味着阀开始闭合的时刻提前；当簧片与限位块碰撞时，由于具备更大的动能，簧片从限位块反弹后也具有更大的反向速度，从而缩短了阀关闭时间。

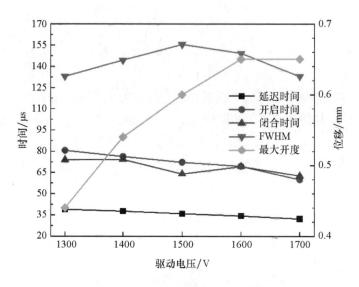

图 3.27　不同驱动电压下阀开关特性

不同驱动电压、不同阀腔气体压强下阀的簧片位移－时间曲线如图 3.28
所示。由图可见，阀腔气体压强对阀开关动态特性的影响主要体现在阀口最大
开度上，并且阀口最大开度随着驱动电压的增大而逐渐减小。当驱动电压较低
时（小于 1600 V 时），阀口最大开度随着阀腔气体压强的升高而增大，当阀
腔气体压强超过一定量后，阀口最大开度增大的幅值逐渐减小。当驱动电压为
1300 V 时，阀腔气体压强从 50 kPa 增大到 75 kPa 时所对应的最大开度增幅约
为 7.2%；而当阀腔气体压强为 75 kPa 和 100 kPa 时，所对应的阀口最大开度
差异几乎可忽略。当驱动电压大于 1500 V 时，相同驱动电压下不同阀腔气体
压强的阀口开度曲线基本重合。上述结果表明：当驱动电压较低时，阀腔气体

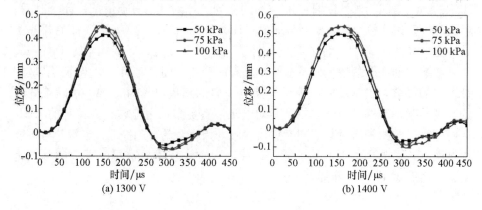

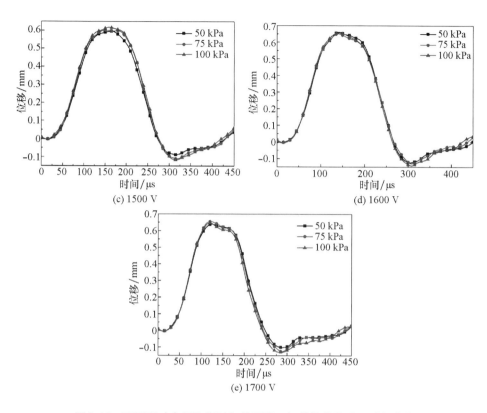

图 3.28　不同驱动电压和阀腔气体压强下阀的簧片位移 – 时间曲线

作用在簧片上的压力相对簧片受到的电磁力来说不可忽略；而当驱动电压较大时，簧片所受电磁力远大于其所受的气体压力，从而弱化了气体压强对动态响应特性的影响。

3.5.3.5　单脉冲供气质量

不同工况下的测试舱压升如表 3.6 所示，表中所列数据均为三次重复测量值及平均值。根据单脉冲喷气质量计算式（3.32）可知，影响单脉冲供气质量测量精度的主要因素是容器体积 V、进气后容器压强 P 以及温度 T 这三个量的测量不确定度。装入阀后的测试舱有效容积，可根据阀的外形尺寸及测试舱结构尺寸计算获得，结果约为 6 472 283.13 mm^3。考虑尺寸测量的不准确性，以及薄膜电容规、角阀的容积无法有效测量等因素，估计上述计算值的误差约为 0.5%。相对于容器体积 V 的测量不确定度，进气后容器压强和温度的测量精度足够高，其测量误差可忽略不计。

表 3.6　测试舱压升（$T = 301.6$ K）

驱动电压/V	压升/Pa		
	50 kPa	75 kPa	100 kPa
1300	(7.03/7.08/7.07)7.06	(9.57/9.69/9.88)9.71	(12.9/11.97/12.01)12.29
1400	(9.52/9.49/9.38)9.46	(13.22/12.89/12.89)13	(16.45/16.28/16.03)16.25
1500	(12.52/12.74/12.74)12.67	(16.88/16.81/16.85)16.85	(20.20/20.50/20.15)20.28
1600	(15.46/15.43/15.47)15.45	(19.81/19.65/19.45)19.64	(24.12/23.98/24.06)24.05
1700	(15.04/15.01/14.95)15	(18.65/18.55/18.40)18.53	(22.86/22.80/22.61)22.76

在不同驱动电压和阀腔气体压强下的单脉冲供气质量测量点数据及拟合曲线如图 3.29 所示，图中所示测点数据误差棒包括测量统计误差和系统偏差。图 3.29 表明：在驱动电压一定的前提下，阀的单脉冲供气质量随阀腔气体压强的增大而增大；在不同阀腔气体压强下，单脉冲气体质量随驱动电压的升高而增大，并近似地成线性关系；当驱动电压大于 1600 V 时，供气质量开始随驱动电压的增大而减小。在所述测试条件下，单脉冲供气最大质量约为 2.5 mg。

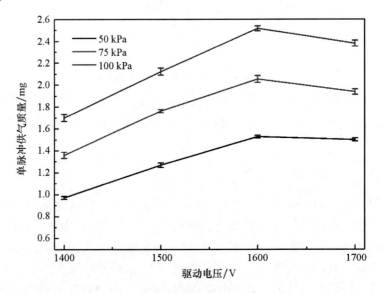

图 3.29　不同工况下的单脉冲供气质量

阀单脉冲供气质量随驱动电压和阀腔气体初始压强变化而变化的趋势，可由阀口开度和导通时间加以解释。假设阀腔气体压强和温度在阀工作过程中均保持不变，单脉冲供气质量可由式（3.1）表示，所以阀的供气质量仅与阀腔初始气体压强和阀口通流截面积对时间的积分 $\int_0^t A(\tau)\,\mathrm{d}\tau$ 相关，其中 $A(t)$ 为某瞬间阀口通流截面积，可表示成 $A(t) = 2\pi r S(t)$，r 为阀口半径，$S(t)$ 为阀口开度。当阀腔气体压强为 75 kPa 时，根据图 3.26 所示数据，计算得到不同驱动电压下的 $\int_0^t A(\tau)\,\mathrm{d}\tau$ 如图 3.30 所示。因为式（3.1）是 $\int_0^t A(\tau)\,\mathrm{d}\tau$ 和阀腔初始气体压强的单调函数，所以在阀腔初始气体压强不变的前提下，阀供气质量变化趋势与 $\int_0^t A(\tau)\,\mathrm{d}\tau$ 的变化趋势一致。此外，根据前述对阀口开度动态特性的分析可推断出，驱动电压为阈值电压时的单脉冲供气质量应最大。当需要增大单脉冲供气质量时，提高阀腔气体压强即可。从图 3.29 中还可看出，为获得某一特定喷气质量，可采用以下两种方式：低阀腔气体压强高驱动电压，高阀腔气体压强低驱动电压。

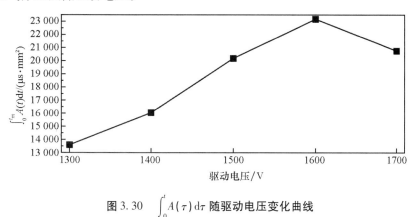

图 3.30　$\int_0^t A(\tau)\,\mathrm{d}\tau$ 随驱动电压变化曲线

3.6　脉冲气团瞬态压强分布测量

3.6.1　测量方案

在本书研究中，采用了四极自稳式快速电离规测量脉冲气团在线圈表面的压强分布。测量的推进剂气体为 Ar，试验在某一真空模拟系统内进行，该系

统的舱体直径为 2.4 m,无气载真空度可达 10^{-4} Pa 量级。测量方案与组装好的测试系统实物照片如图 3.31 所示,快速电离规安装在二维位移平台上,能够沿推力器轴向和径向自由移动。为了尽量减小测量时电离规对气流的干扰,试验采用单次重复测量而非电离规阵列的方案。

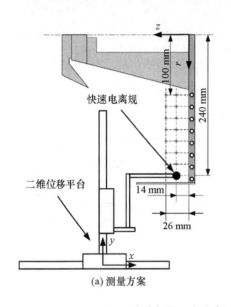

(a) 测量方案

(b) 测试系统实物

图 3.31 脉冲气团压力分布测量方案示意图与测试系统实物照片

考虑电离规尺寸的影响,测试位置分别设在距线圈表面 14 mm 和 26 mm 处;在每个轴向位置处,从推力器中轴线到线圈外缘共设 8 个测量点,径向位置 r 分别为 100 mm、120 mm、140 mm、160 mm、180 mm、200 mm、220 mm 和 240 mm;故轴向和径向坐标组合总计 16 个测量点。在测量时,用示波器采集电离规信号,并以气体阀的触发信号前缘作为示波器的时间基准参考。

单次重复测量要求喷注器系统和电离规具有良好的重复性。前文给出的测试结果已说明了喷注器中的快速开关脉冲气体阀的良好重复性,由于喷注系统不涉及其他作动和触发组件,因此可认为喷注系统重复性与阀的重复性相当。但电离规的动态重复性仍须验证。

3.6.2 喷注系统工作参数确定

根据 PIT 工作过程集总参数模型,在忽略等离子体电流片电阻变化的前提

下，推力器的性能（效率 η 和比冲）只与感应电路的电参数、放电能量、线圈参数和推进剂质量相关[38][39]

$$\eta = f(\psi_1, \alpha) \tag{3.35}$$

$$v_z^* = g(\psi_1, \alpha) \tag{3.36}$$

$$\psi_1 = R_e \sqrt{\frac{C}{L_0}} \tag{3.37}$$

$$\alpha = \frac{C^2 V_0^2 L_c}{2z_0^2 m_{\text{pulse}}} \tag{3.38}$$

其中，v_z^* 为推进剂无量纲轴向喷气速度，相当于比冲 I_{sp}；R_e 为感应电路的等效电阻；L_0 为感应电路的寄生电感；C 为电容器电容；V_0 为电容器充电电压；z_0 为线圈解耦距离；L_c 为线圈电感；m_{pulse} 为单脉冲推进剂质量。

不同 ψ_1 和 α 取值下推力器效率与无量纲轴向喷气速度等值线如图 3.32 所示。由图可见，无量纲喷气速度随着 α 的增大而增大。推力器感应线圈的电感 $L_c = 1100$ nH，电路的寄生电感 $L_0 = 80$ nH，放电回路的等效电阻 $R_e = 60$ mΩ，电容组的等效电容 $C = 8$ μF。根据式（3.37）可确定 ψ_1 为 0.6。推力器工作在最佳工作状态时效率最大，同时兼顾比冲，确定 $\alpha = 1.6$，此时推力器的效率 $\eta \approx 55\%$，比冲约为 3600 s，与此相匹配的单脉冲推进剂质量约为 2.0 mg。结合快速开关脉冲气体阀的性能试验结果，脉冲供气系统的驱动电压设为 1500 V，阀腔气体压强为 75 kPa，此时喷注器的单脉冲供气质量约为 2.1 mg。

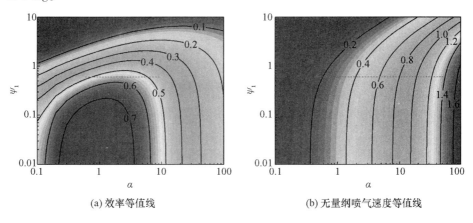

(a) 效率等值线　　　　　　　　(b) 无量纲喷气速度等值线

图 3.32　不同参数下推力器的效率和无量纲喷气速度等值线（见彩插）

3.6.3　压强分布测量结果与分析

3.6.3.1　测量方案可行性验证

　　按照前述脉冲气团瞬态测量方案和所确定的喷注系统工作参数，首先对快速电离规的重复性和瞬态特性进行验证。图 3.33 为 $z=14$ mm 和 $r=240$ mm 处电离规的阴极发射电流（I_k，红色线）和离子收集极电流（I_c，黑色线）的典型电流信号。

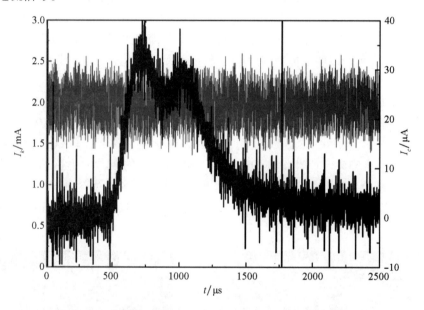

图 3.33　瞬态测量时快速电离规典型电流信号（见彩插）

　　为了验证电离规测量系统的重复性，在同一位置处进行了两次测量，结果表示在图 3.34 中。为了便于比较，分别对 I_k 和 I_c 进行了光滑处理。由图 3.34 可见，无论 I_k 还是 I_c，两次测量的信号曲线都几乎重合，意味着喷注器和快速电离规都具有良好的重复性。

　　图 3.34 所示结果还表明：在气体喷注过程中，随着被测点处气体压强升高，阴极发射电流 I_k 会减小，与其设定值的相对偏差最大值（δ_{max}）约为 4%，并且其谷值与离子收集极电流峰值同时出现。这主要因为阴极表面电场强度和阴极温度都影响电离规热阴极电子发射能力，I_k 的降低可直接归因于阴极温度

的下降。当脉冲气团没有掠过电离规时，电离规阴极主要依靠热辐射散失热量；当脉冲气团掠过电离规时，电离规阴极的热散失被对流现象强化，并且热散失速率随着气体压强的增大而增大，即脉冲气团的气体压强越高则阴极温度越低，阴极电子发射电流越小。图 3.35 为电离规在 $z = 14$ mm 和 $r = 120$ mm 处的测量结果，在此处收集极电流 I_c 最大值远大于在 $z = 14$ mm 和 $r = 240$ mm 处的 I_c，表明该处气体压强幅值更大。同时，阴极电流 I_k 与其设定值的 δ_{max} 为 7.25%，大于图 3.34 中的 4%。

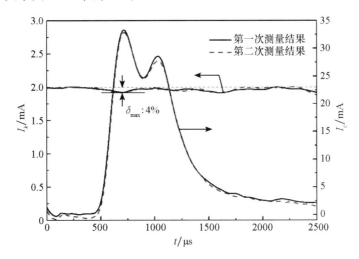

图 3.34　快速电离规重复性对比（$z = 14$ mm，$r = 240$ mm）

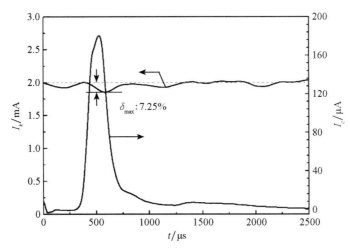

图 3.35　气体压强对快速电离规稳流特性影响（$z = 14$ mm，$r = 120$ mm）

以上分析解释了测量过程中脉冲气团对阴极的冷却造成 I_k 抖动，且气体压强越大 I_k 抖动幅值越大的原因。在控制电路中引入反馈电阻从而使阴极与控制极之间形成负反馈，可使 I_k 不发生明显改变。实际上，根据后续脉冲气团在线圈表面演变过程的测试结果，脉冲气团压强的最大值出现在 $z = 14$ mm 和 $r = 120$ mm 处，此处 I_k 的变化将最大，而根据测量结果得到其相对设定值的相对变化量小于 8%，对电离规瞬态特性影响较小。以上分析和结果表明，所采用的电离规具有良好的重复性和瞬态特性，满足采用单次重复测量方案进行脉冲气团瞬态压强测量的需求。

3.6.3.2 气团在线圈表面的压强分布

图 3.36 和图 3.37 分别为 $z = 26$ mm 和 $z = 14$ mm 处不同径向位置气体压强随时间的变化。

在示波器上将时域信号放大后发现，在快速开关脉冲气体阀触发 265 μs 后，由喷注器喷出的脉冲气团前缘到达距推力器线圈表面 $z = 26$ mm 的平面；再经过约 18 μs 气团前缘到达 $z = 14$ mm 的平面。据此计算脉冲气团前缘的轴向速度约为 660 m/s，大约是常温（300 K）常压下 Ar 声速的两倍。$t = 473$ μs 时，脉冲气团前缘到达 $r = 240$ mm 处的测量点。由图 3.36 和图 3.37 可见，脉冲气团具有陡峭的前缘和后缘，其前后缘的气体压强变化率（$\mathrm{d}p/\mathrm{d}t$）基本相同，约为 770 kPa/s。对比 $z = 14$ mm 和 $z = 26$ mm 两平面的测量数据，可见 $z =$

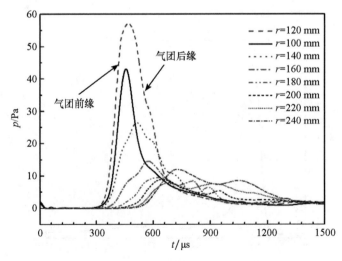

图 3.36　$z = 26$ mm 处气体压强径向分布（见彩插）

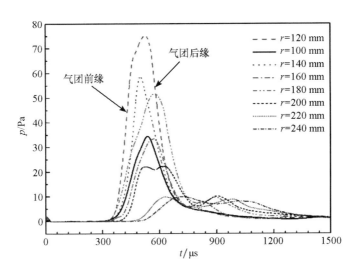

图 3.37　$z = 14$ mm **处气体压强径向分布（见彩插）**

14 mm 处的峰值气体压强比 $z = 26$ mm 处的峰值气体压强高出近 30%，表明脉冲气团在线圈表面经历了轴向压缩。

为了更清晰地表现脉冲气团在线圈表面的演变过程，将图 3.36 和图 3.37 中数据表示成如图 3.38 所示不同时刻气体压强分布的形式。由图可见，在 550 μs 之前，$z = 14$ mm 和 $z = 26$ mm 处的气体压强峰值都集中在 $r = 120$ mm 附近。据此可以推断脉冲气团在向线圈表面喷注过程中，从喷嘴到线圈表面将形成一锥形壳，并且脉冲气团在线圈表面的核心位于 $r = 120$ mm 附近。$t = 450$ μs 时，$z = 14$ mm 平面的气体压强开始高于 $z = 26$ mm 平面的气体压强，意味着脉冲气团开始被压缩。此外，$r > 160$ mm 时，各被测点的气体压强随着时间的推移而逐渐增大，表明线圈表面气体开始向线圈外缘移动。$t = 500$ μs 时，$r = 120$ mm 且 $z = 26$ mm 处气体压强开始下降，表明脉冲气团后缘已进入线圈的耦合区域（$z < 50$ mm），同时也意味着脉冲气团核心已完全进入线圈表面 $z < 26$ mm 的区域。至 $t = 525$ μs，$z = 26$ mm 处的气体由于失去轴向速度而开始轴向膨胀，气体压强减小，据此可以推断气体工质的喷注过程已基本完成。而在 $z = 14$ mm 处，由于脉冲气团的后缘仍具有朝向线圈的轴向速度，与从线圈表面反弹的气体碰撞而失去轴向速度，因此该处形成气体积聚，气体压强下降速率减小，如图 3.38（c）、（d）、（e）所示。$t = 550$ μs 之后，$z = 14$ mm 处的气体压强开始减小，意味着线圈表面的压缩气体开始轴向扩散。而此时 $z = 26$ mm 处的气体压强下降速率减小，这主要是由 $z = 14$ mm 处扩散的气体对其进行补

充造成的。$t = 575\ \mu s$ 之后，由于缺乏额外的补充气体，线圈内缘附近的气体压强迅速减小。而在线圈外缘，由于径向流动的气体与线圈外径处的围坝碰撞并向线圈中心反弹，在线圈外缘形成气体积聚现象，气体压强下降缓慢。因此，$600\ \mu s$ 后的气团在线圈表面的压强分布与之前相比差异较大。

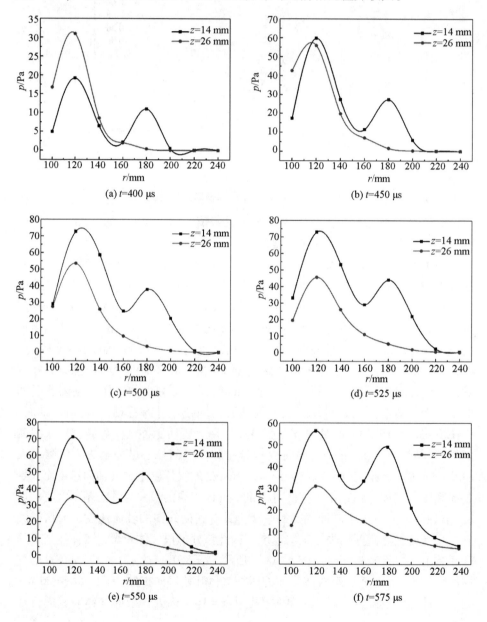

(a) $t = 400\ \mu s$

(b) $t = 450\ \mu s$

(c) $t = 500\ \mu s$

(d) $t = 525\ \mu s$

(e) $t = 550\ \mu s$

(f) $t = 575\ \mu s$

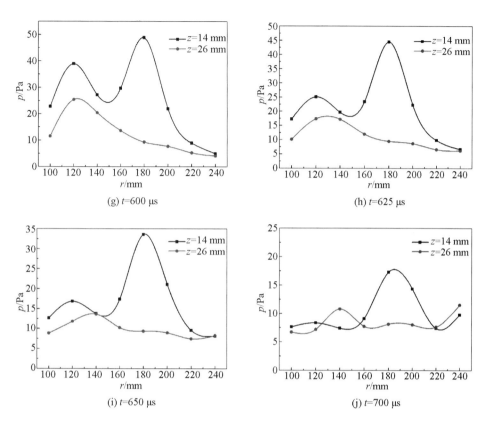

(g) t=600 μs   (h) t=625 μs

(i) t=650 μs   (j) t=700 μs

图 3.38　脉冲气团在线圈表面的演变过程

从线圈表面脉冲气团压强的演变过程可推断，推力器最佳点火时机应在向气体阀发出触发信号后 500 μs 到 625 μs 之间的某个时刻。在该时间段内，脉冲气团后缘已进入线圈的耦合区域并且大部分气体处在耦合区内，理论上推进剂的利用效率最高。在最佳点火阶段初期，气体在线圈表面轴向比较集中，但径向分布均匀性相对较差；而在该阶段中后期，气体径向分布较均匀，但气体在轴向已经膨胀。因此，具体的最佳点火时机需要根据推力器性能测试结果来确定。

第4章　热阴极电离规与磁探针设计及测试

　　感应线圈表面空域中的脉冲气团分布与磁场位形直接影响 PIT 推进性能，本书作者自行研制了一种测量脉冲气团压强的热阴极电离规和一种测量瞬态磁场的 B – dot 探针阵列。这两种测量工具是特殊和专用的，本章介绍其设计方法和测试技术。

4.1　热阴极电离规的设计与测试

4.1.1　热阴极电离规的工作原理

　　具有一定能量的电子在气体中飞行时，如果与气体分子碰撞，当电子能量大于分子的电离能时，将有一定的概率引起气体分子电离，产生离子和次级电子。电离概率与电子能量相关；在一定温度下，一定能量的电子在中性气体内飞行过程中产生的正离子数与气体压强相关。因此，可根据离子电流的大小指示真空度[154]，这就是电离规测量真空度或气体压强的基本原理。

　　典型的电离规都包含能够发射一定数量电子的阴极、产生电子加速电场并收集电子的阳极（加速极）、收集离子并抑制高能电子进入的收集极。其中，由热阴极提供电子的电离规称为热阴极电离规（下文简称为电离规）。根据收集极和加速极接法的差异，电离规电极接法又可分为内控接法和外控接法，如图 4.1 所示。

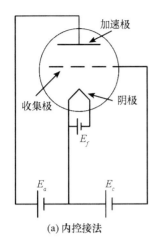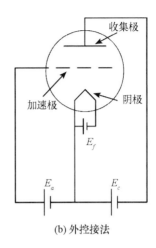

(a) 内控接法　　　　　　　　　　　(b) 外控接法

图 4.1　电离规电极接法

利用电离规测量气压时，当电子平均自由程小于阴极与加速极间距离时，根据 Townsend 电子繁流理论，在电子从阴极到加速极的飞行过程中将产生电子繁流现象[155]。忽略电离过程中由离子产生的电离碰撞、各电极表面的次级发射以及电子–离子复合情况，且认为电离产生的离子均只携带单位电荷，则当温度不变时有[154]

$$n_e + n_+ = n_e \exp\left(\int_0^{L_e} WP\mathrm{e}^{-r_i N_0 P} \mathrm{d}r \right) \qquad (4.1)$$

其中，P 为气体压强；n_e 为单位时间内阴极发射的电子数；n_+ 为单位时间内产生的离子数；r_i 为阴极发射的电子在电场中获得被测气体分子最低电离能 eV_i 所需的飞行路程；L_e 为阴极发射的电子从发射到被加速极收集的飞行轨迹总长；N_0 为一个电子在压强为 1 Torr 的某种气体中飞行 1 cm 过程中与气体分子的碰撞次数；W 为相应产生的单电荷离子数。W 是电子能量的函数，对于某特定气体，当忽略空间电荷的影响时，电离规中电场空间构型不变，电子能量仅与位置相关，即可将 W 表示为气体压强和位置的函数

$$W = W(P, r) \qquad (4.2)$$

通过式（4.1）表示电离规收集极离子流 I_+ 与阴极发射的电子流 I_k 的比值关系，则有

$$I_+ / I_k = \exp\left(\int_0^{L_e} WP\mathrm{e}^{-r_i N_0 P} \mathrm{d}r \right) - 1 \qquad (4.3)$$

考虑到在电离规实际工作时，阴极发射的电子并非全部参与电离气体，电离产生的正离子也并非全部被收集极收集，则将式（4.3）修正为

$$I_+ / I_k = \alpha\beta\exp\left(\int_0^{L_e} WP\mathrm{e}^{-r_i N_0 P}\mathrm{d}r\right) - 1 \tag{4.4}$$

其中，α 为对阴极发射电子流参与气体电离份额的修正系数；β 为收集极对离子的收集效率的修正系数。当被测气体压强较低时，电子在气体中的自由程远大于电极间距，式（4.4）中的 $\mathrm{e}^{-r_i N_0 P}\to 1$，$I_+ / I_k \to 0$，此时式（4.4）可进一步化简为

$$I_+ / I_k = \alpha\beta\int_0^{L_e} WP\mathrm{d}r = KP \tag{4.5}$$

其中，K 为电离规的灵敏度。当气体压强较低时，电子从阴极发射到被加速极收集的过程中与气体分子的碰撞概率较小，且绝大多数电子最多只与气体分子发生一次碰撞。因此，在任一等位面上与气体发生碰撞的电子均具有相同的能量，意味着 W 只是位置 r 的函数。对于一定温度下的某种气体有

$$K = \alpha\beta\int_0^{L_e} W\mathrm{d}r \tag{4.6}$$

式（4.6）计算结果为常数。根据式（4.5）和式（4.6）可知，利用电离规测量较低气压时，I_+ / I_k 与 P 成线性关系。标定后的 $I_+ / I_k \sim P$ 曲线就是电离规测量气压的量化依据。

然而，随着被测气体压强的增大，电子平均自由程将减小。当电子平均自由程小于阴极到加速极距离时，电子在飞行的过程中将与气体分子发生多次碰撞，导致在同一等位面上与气体发生电离碰撞的电子具有不同的能量。这种情况下的电离效率不再是单一变量位置 r 的函数，式（4.4）中 $\mathrm{e}^{-r_i N_0 P}\to 1$ 的条件将不再成立，I_+ / I_k 与 P 之间开始偏离线性关系，此时所对应的气体压强即为电离规测压的线性上限 $P_{\max}$。在高压强下电离规的灵敏度仍需表示为

$$K = \alpha\beta\exp\left(\int_0^{L_e} W\mathrm{e}^{-r_i N_0 P}\mathrm{d}r\right) \tag{4.7}$$

以上是在保持阴极发射效率不变的前提下，从 Townsend 电子繁流理论的角度解释了电离规灵敏度在高压强下偏离线性的原因。在实际测量中，有很多因素均会影响电离规测量上限。例如，随着被测气体压强的升高，电离碰撞的次数增多，导致阴极与加速极间离子增多，进而产生空间电荷效应，影响阴极发射能力和电子飞行轨迹；当阴极附近聚集的离子较多时，还可能会引起阴极拉弧；加速极和收集极对电子和离子的收集效率也会随着压强的升高而改变；等等。

从以上分析可知，电离规测压的线性上限与电离规的结构和工作条件紧密相关。具体而言，电离规的结构包括各电极的构型和相对位置；工作条件包括各电极的偏压设置以及阴极发射电流大小。为了提高电离规测压的线性上限，

所设计的电离规结构和设置的工作条件应满足 $\alpha\beta\exp\left(\int_0^{L_e} We^{-r_iN_0P}\mathrm{d}r\right)$ 在较大的压强范围内不随压强变化。根据上述对电离规测压线性关系式的推导，并结合 Schulz 和 Phelps[130]、郭元恒和吴思诚[131]关于电离规测压上限的探讨，给出拓展电离规测压的线性上限的途径和具体措施如下：

（1）优化电极结构，使阴极与加速极间的电场构型能约束电子在其间直线加速。

（2）缩短阴极和加速极间距离并减小电子加速电压，从而缩短电子飞行路程并减少其发生多次碰撞的概率。

（3）降低阴极发射电流，以降低阴极附近空间电荷效应的影响。

（4）精心设计收集极形状或增大其表面积，尽可能提高其在不同压强下对离子的收集效率。

4.1.2　四极自稳式电离规设计与性能分析

4.1.2.1　真空电子管选用

本书作者开发的电离规是基于某型旁热式五极真空电子管改造的，该型真空电子管的电极结构如图 4.2 所示。选用该型电子管主要是因为其几何尺寸小（10 mm ×7 mm ×5 mm），一则易于满足气体在电极间均匀分布的条件；二则对流场的干扰小，可提高电离规的时空分辨率。此外，该管的电极结构和尺寸满足拓展电离规压强测量上限的结构要求，通过设计合适的控制电路即可实现。

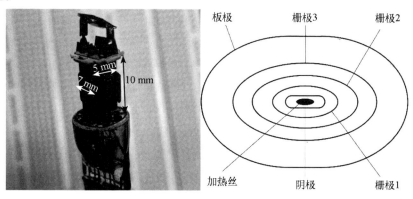

图 4.2　某型五极真空电子管及其各电极结构

4.1.2.2　电离规控制电路设计与分析

为了克服瞬态测量时温度调节的滞后现象，本书作者设计的电离规阴极工作在空间电荷限制的条件下，采用调节阴极处合成电场的方式来稳定阴极发射电流。

由图4.1所示的电离规电极接法可知，内控接法相对于外控接法延长了电子飞行路程，不利于电离规测压的线性上限拓展。因此，在将五极真空电子管改造成快速电离规时采用外控接法。

图4.3为本书作者设计的电离规控制电路原理图。与图4.2对照，将五极真空电子管中的栅极2（电极符号为A）作为加速极，将靠近阴极的栅极1（电极符号为C）充当控制极。阴极（电极符号为K）与加速极间的距离短，能够缩短电子的飞行路程，同时可以确保在较高压强下电子的飞行路程仍为直线。螺旋状的栅极3覆盖整个管长，与板极（电极符号为I）相接作为离子收集极，可以显著提高离子收集效率，确保离子收集效率不随压强而变化。

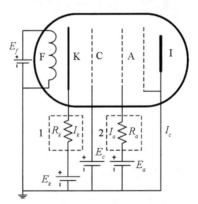

图4.3　电离规控制电路原理

在电离规稳定工作时，控制极电势保持不变，并且与阴极形成负偏置。加速极与阴极形成正偏置，提供电子电离气体所必需的电离能。离子收集极与加速极为负偏置。与传统三极式电离规相比，控制极的引入除了能够起到稳定阴极发射电流的作用，还能够为拓展电离规测压的线性上限带来诸多益处。

（1）从阴极发射的电子具有一定的速度分布，只有具备足够高的能量的电子才能穿过控制极加速飞向加速极。如此缩小了电子初始速度分布范围，有利于在同一等位面上维持稳定的电离效率。

（2）电子在阴极与控制极间能量较低，不会产生电离碰撞。因此，电子的飞行路程 L_e 由原来阴极到加速极间的距离缩短为控制极到加速极间的距离。

（3）由于控制极相对阴极的电势为负，在控制极附近产生的带正电的离子将被控制极收集，可以减弱空间电荷的影响并起到保护阴极的作用。

图 4.3 所示的控制电路展示了两种稳定阴极发射电流的方案。方案 1 中，电阻 R_k 串入阴极，使阴极与控制极间形成负反馈；方案 2 中，电阻 R_a 串入加速极，使阴极与加速极间形成负反馈。

当采用方案 1 时，由某种原因导致阴极发射电子电流变大（小），负反馈电阻 R_k 两端的压降增大，进而使阴极电势增大（减小）。由于控制极电势保持不变，因此阴极电势的增大将导致阴极与控制极间的偏压减小（增大），使阴极所在处的合成电场减小（增大），进而使阴极发射电流减小（变大）。方案 2 与之相似，当加速极收集到的电子电流发生变化时，负反馈电阻 R_a 上的压降使加速极与阴极间的偏压发生变化，使阴极所在处电场的变化与加速极电子电流的变化相反，通过调节阴极发射电子电流达到稳定加速极电子电流的目的。对以上两种方案的稳流过程分析可知，由 R_k 形成的负反馈是稳定阴极发射电流，而由 R_a 形成的负反馈是稳定加速极收集到的电子流。

当电离规工作在高真空环境下时，电子与气体分子的碰撞概率较小，气体电离产生的二次电子相对于阴极发射的电子可以忽略，即阴极发射电子与加速极收集到的电子近似相等。在此种情况下，方案 1 与方案 2 稳定阴极发射电流的效果相同。然而，当真空度较低时，气体电离产生的二次电子显著增多，相对于阴极发射的电子不可忽略。方案 2 中的电阻 R_a 形成的负反馈不仅使阴极所在处的电场发生改变，同时也使电离规的工作状态（电子的加速偏压）发生改变。因此，当被测气体压强较高时，方案 2 实际上不能起到稳定阴极发射电流的作用。此外，在控制极和加速极相对阴极偏压变化量相同的前提下，由于控制极距阴极较近，通过调节控制极偏压进行稳定阴极发射效果更加明显。

综上，本书作者研制的自稳式电离规采用方案 1 稳定阴极发射电流。为了使阴极与控制极间形成强烈的负反馈以增强稳流效果，阴极串入的负反馈电阻 R_k 的阻值应足够大。

4.1.2.3 根据繁流模型预示的电离规特性

在如图 4.3 所示的控制电路中，加速极是唯一相对于阴极呈正偏压的电极，将收集所有电子，包括碰撞电离产生的二次电子。在实际测量时，控制极呈现负偏压，在阴极与加速极间产生的离子大部分被控制极收集，只有极少部分离子可以进入阴极，与阴极发射电子电流相比可忽略。阴极发射的电子电流记为 I_k，电离产生的二次电子电流记为 I_e，加速极的电子收集效率为 C_e，收集

极的离子收集效率为 C_i，加速极和收集极的电流分别表示为

$$I_a = C_e(I_k + I_e) \tag{4.8}$$

$$I_c = C_i I_e \tag{4.9}$$

认为电子与分子碰撞的能量大于分子电离能时的电离概率为 1，否则为 0；并认为阴极与加速极间的电场均匀分布，电子在电场 E 中获得相当于电离电位 U_i 的能量所需的飞行距离用 λ_i 表示，则

$$\lambda_i = \frac{U_i}{E} \tag{4.10}$$

将阴极到加速极等分成 k 个 λ_i 长度的区域，$k = U/U_i$，U 为加速极相对于阴极的偏压。根据文献［156］发展的繁流模型，两种电流比与气体压强的关联式表示为

$$\frac{I_c}{I_a} = \frac{C_i \sum_{j=0}^{k-1} \frac{1}{j!} \left[e^{-y_i}(y - jy_i) \right]^j}{C_e \sum_{j=1}^{k-1} \frac{1}{j!} \left[e^{-y_i}(y - jy_i) \right]^j}, \quad y = \frac{d}{\lambda_e}, \quad y_i = \frac{\lambda_i}{\lambda_e} \tag{4.11}$$

$$\frac{I_c}{I_k} = C_i \sum_{j=0}^{k-1} \frac{1}{j!} \left[e^{-y_i}(y - jy_i) \right]^j \tag{4.12}$$

其中，λ_e 为电子在气体中的平均自由程，反比于气体压强；d 为电子飞行路程，即阴极与加速极间的距离。改造的电离规阴极与加速极间的距离约为 2 mm。当所测气体为 Ar 时，电离势为 $U_i \approx 50$ V，计算得到两种电流比随气压的变化如图 4.4 所示，可见 $I_c/I_k \sim P$ 从低压强到更高的压强均保持线性关系。

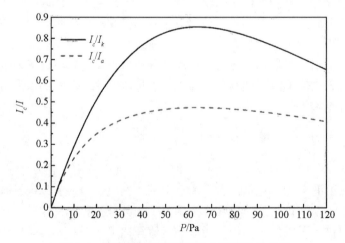

图 4.4　根据繁流模型预示的电离规特性曲线

4.1.3　电离规特性测试

4.1.3.1　测试装置与操作流程

　　本书作者所用真空电子管的阴极为氧化物阴极，暴露在潮湿大气中时，其氧化物涂层将吸收空气中的水蒸气。当用作真空测量时，阴极将工作在较高温度下，其氧化物涂层由于吸收了水蒸气将会出现部分剥落，导致阴极发射能力降低。因此，当阴极直接接触大气时，需要一定的保护措施以延长阴极的使用寿命。在去除真空电子管的玻璃外壳时，需要对阴极加热使其达到一定的温度，避免空气中的水蒸气等与氧化物涂层结合。当阴极所处的环境气体压强高于 0.1 Pa 时，阴极的温度需要保持在 120℃ 左右[157]。

　　图 4.5 为电离规测试原理示意图。测试舱与一个真空模拟舱相连，去除玻璃外壳的电离规装入其中。阴极发射的电子电流可利用反馈电阻 R_k 与其两端的压差计算得到，离子电流也可利用采样电阻 R_c 与其两端的压差计算获得。由于离子电流相对较小，为了精确测量收集极电流，应使收集电路中的压降主要落在收集极采样电阻上，即要确保采样电阻的阻抗远大于线路上其他阻抗的和。同时，采样电阻亦不应过大，避免收集极偏压改变进而影响收集效率。

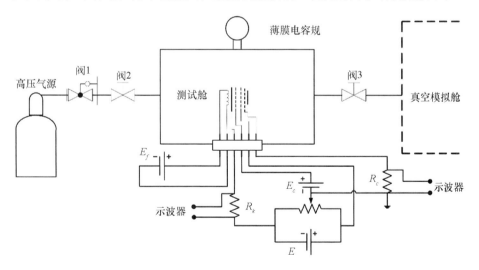

图 4.5　电离规测试原理

在测试准备阶段，首先对真空舱进行抽气，当舱内压强为 10^{-3} Pa 量级时，打开阀3。当测试舱内气体压强稳定后，打开阀1和阀2，用被测气体对测试舱及电离规进行冲刷，冲刷结束后关闭阀门2。当测试舱压强恢复到 10^{-3} Pa 量级时，对电离规进行除气。提高阴极加热丝电压，采用烘烤的方式对阴极除气。同时，其他各电极设置合适的偏压，采用粒子轰击的方式进行除气。除气完成后，设定电源 E 和 E_c 输出电压，调节加热丝加热电源 E_f，使阴极发射的电子电流为预设量值。测试开始时，首先关闭阀3，接着打开阀2并快速闭合，由于充入了一定量的被测气体，测试舱内压强将升高，测试舱的压强由薄膜电容规监测。待示波器显示 R_k 和 R_c 两端的压降 U_k 和 U_c 稳定后，记录相应数据和薄膜电容规所示压强。随后，打开阀3，缓慢释放舱中气体，当测试舱压强降低 1 Pa 左右时关闭阀3。重新记录 U_k、U_c 和薄膜电容规所示压强。为了避免电极吸附效应影响电离规工作特性，每次充气只进行 3~5 次测量。随后，打开阀3，排出测试舱内气体，并使电离规在高真空中保持一段时间进行除气。除气完成后再进行下一次充气测量，如此循环，直到电离规特性（U_k、U_c）出现奇异为止。

4.1.3.2　测试结果及分析

采用上述装置和方法，测试了不同控制电路参数（U_{ak} 为加速极 – 阴极偏压，U_{ck} 为收集极 – 阴极偏压）下的电离规特性。设定 $I_k = 2$ mA，$U_{ak} = 50$ V，改变 U_{ck} 和反馈电阻 R_k，I_k 随被测气体压强变化情况如图 4.6 所示。在所测工况下，实测的 I_k 相对于设定值的最大偏差不大于 4%，表明所采用的阴极发射电流稳定方案效果良好。

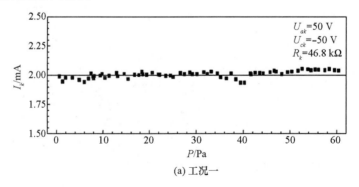

(a) 工况一

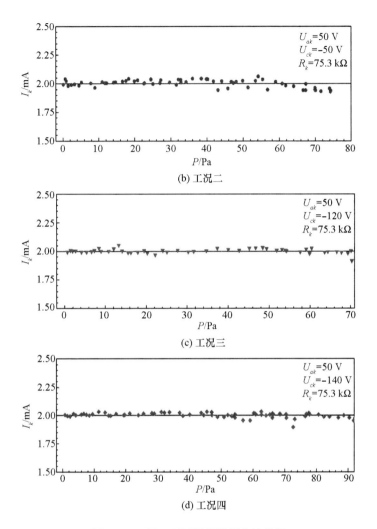

图 4.6 不同工况下阴极发射电流特性

图 4.7 为控制电路参数（$U_{ak} = 50$ V，$U_{ck} = -50$ V，$R_k = 75.3$ kΩ）相同时，不同指示电流表征的电离规特性曲线。从图中可见，以加速极电流作为指示电流，特性曲线从被测气体约 8 Pa 时开始偏离线性；而以阴极电流作为指示电流，特性曲线偏离线性的上限拓展到 70 Pa 左右。当压强较低时，测试结果与 4.1.2 节中的繁流理论预示趋势基本一致，但灵敏度比理论计算的要低。这主要是因为在理论计算中认为电子能量大于分子电离能时，电子与分子碰撞而产生电离事件的概率为 1，所以计算得到的离子数（也等于二次电子数）大

于实际数量，从而导致灵敏度偏大。

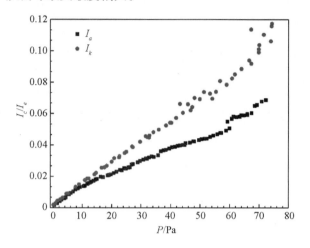

图 4.7　不同指示电流表征的电离规特性

　　不同阴极发射电流下的电离规特性如图 4.8 所示，较低气体压强范围内的特性曲线几乎重合；当气体压强超过 35 Pa 以后，曲线偏差显著；当气体压强大于 60 Pa 后，阴极发射电流为 3 mA 的 I_c/I_k 显著增大。根据 4.1.2 节的分析可知，电离效率随被测气体压强升高而增大，导致空间电荷效应增强，阴极与加速极间的电场加强，从而使 $\lambda_i = U_i/E$ 减小、阴极与加速极间的分区 k 增多，进而导致电子繁流现象增强。因此，实际应用中应尽量采用较小的阴极发射电流。

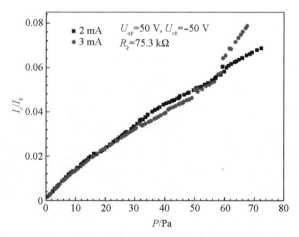

图 4.8　不同阴极发射电流下的电离规特性

加速极－阴极偏压 U_{ak} 既会影响电离效率，也是影响电离规特性的重要因素。图4.9为不同 U_{ak} 下的电离规特性曲线。

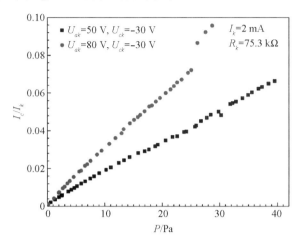

图4.9　U_{ak} 对电离规特性影响

图4.9表明，较大的 U_{ak} 对应较高的灵敏度，但对应的线性上限较低。这主要是因为当 U_{ak} 较大时，阴极与加速极间的电场强度大，在距阴极相同的位置处的电子具有较高的能量，导致电子与气体分子碰撞的电离概率增大。图4.10引自文献［158］，当电子能量分别为80 eV和50 eV时，相对 H_2 的电离概率分别为3.26和2.88。电离效率与电离概率成正相关关系，根据式（4.6）可知，较高的加速电压对应较大灵敏度。但随着 U_{ak} 的增大，较高气体压强下

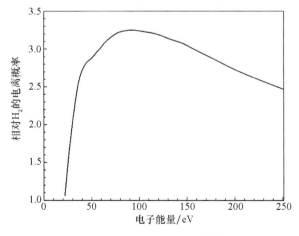

图4.10　Ar 的电离概率[158]

的空间电荷效应和电子繁流效应增强，意味着较高 U_{ak} 的电离规特性曲线的线性上限较低。因此，在保证离子电流可测的前提下，应降低 U_{ak} 以提高电离规特性曲线的线性上限。

收集极 – 阴极偏压 U_{ck} 对电离规特性影响如图 4.11 所示。对比不同 U_{ck} 下的电离规特性可以发现，线性上限随着 $|U_{ck}|$ 的增大而增大。这主要是因为 $|U_{ck}|$ 的增大能够抑制高能电子进入收集极，使收集效率不随气体压强变化而变化。从电离规结构上看，收集极相对加速极的距离较远。当 $|U_{ck}|$ 较小时，收集极电势对阴极与加速极间的电场几乎无影响；但当 $|U_{ck}|$ 足够大时，阴极

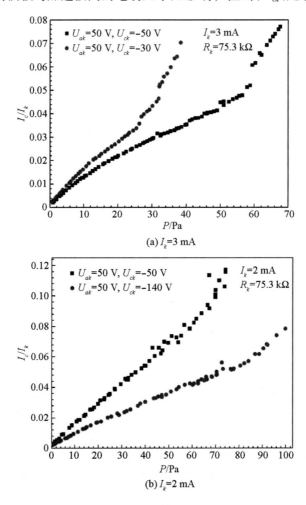

图 4.11　U_{ck} 对电离规特性的影响

与加速极间的电场将受收集极电势的影响而减弱，使电子的电离效率降低，可减弱空间电荷效应和电子繁流。因此，提高 $|U_{ck}|$ 可以提高电离规特性曲线的线性上限。

4.1.3.3 电离规校准

前文的测试结果与分析表明，为了提高电离规测压的线性上限，在保证离子电流不被噪声淹没的前提下，应减小加速极 – 阴极偏压 U_{ak}，降低阴极发射电流 I_k，减小收集极 – 阴极偏压 U_{ck}（注意 $|U_{ck}|$ 较大）。由于较低的 U_{ck} 和较小的 U_{ak} 会降低阴极发射能力，为了维持阴极发射电子电流的稳定，需要提高阴极加热丝功率以提高阴极温度。然而，测试中发现若加热丝功率（阴极温度）过高会严重影响电离规的使用寿命，特别是当被测气体压强较高时。此外，U_{ck} 较低容易导致加速极与收集极间产生电弧。根据作者实践探索，电离规特性较好的工作参数为：发射电流 $I_k = 2$ mA，加速极 – 阴极偏压 $U_{ak} = 50$ V，收集极 – 阴极偏压 $U_{ck} = -50$ V。在上述工作参数下，电离规对 Ar 的稳态校准曲线如图 4.12 所示，线性范围为 1~80 Pa，且阴极发射电流保持很好的稳定性。被测气压 P（Pa）与 I_c（μA）的关联式可拟合为

$$P = 0.154 I_c^{1.192} \tag{4.13}$$

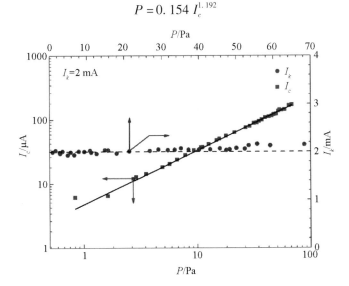

图 4.12　电离规对 Ar 的稳态校准曲线（见彩插）

由于不具备对电离规进行动态校准的条件，电离规的动态特性并未得到相应的测试。实际上，电离规的响应时间为离子收集时间，即离子从产生到被收

集极收集的时间。本书作者研制的电离规加速极与收集极间的最大距离约为 3 mm，收集极与加速极间的偏压为 – 100 V。若认为收集极与加速极间电场均匀并且离子产生在加速极，则对 Ar 离子收集时间约为 0.2 μs。在进行 PIT 脉冲气团压强测量时，电离规的响应时间应短于脉冲气团前缘掠过电离规的时间。因此，研制的电离规在设定的工作参数下，可用于测量以 8 倍声速掠过电离规的 Ar 脉冲气团的压强。

4.2　磁探针阵列设计与测试

4.2.1　设计方案

设计测量 PIT 工作时感应线圈上方空域中磁场时空分布的磁场诊断系统时，应考虑以下因素：

（1）PIT 放电周期为 10 μs 量级，特征频率为 100 kHz，因此磁场诊断系统的设计频率范围应不窄于 5 ~ 500 kHz。

（2）由于电流片的磁场屏蔽作用，感应线圈上方空域中会存在较大的磁场梯度。为了以较高空间分辨率识别电流片特征，采样线圈的尺度应小于电流片厚度（约 1 ~ 5 cm）。

（3）考虑示波器（采用 Tektronix DBO 4034）对输出信号的采集问题，输出信号强度应大于示波器的最小分辨率（1 mV）且小于最大量程（10 V）。

提出磁场诊断系统的设计方案如图 4.13 所示，磁探针阵列结构的主要特征可概括为如下三点：

（1）为提高阵列探针间的一致性，采用商用贴片电感芯片作为采样线圈，选用型号为 1812SMS – R12GLC 型 120 nH 空心螺线管电感，螺线管直径为 3 mm，长度为 4 mm，匝数为 10，计算所得理论探针系数 $nA = 7.07 \times 10^{-5}$ m^2，其中 n 为采样线圈匝数，A 为线圈截面积。

（2）整个探针阵列包含 8 个采样线圈，各采样线圈之间均间隔 3 cm；为提高每个采样线圈指向及定位的准确性，采用印刷电路板工艺制作探针骨架、印制线圈引脚；采样线圈引线从探针骨架背侧由双绞线引出以减少传输路径上的寄生电感，再通过 MX23 – 19 型航空插头连接至积分器。

（3）探针骨架套入外径 1 cm 的石英玻璃管内，以保护采样线圈不受等离子体侵蚀影响；石英玻璃管与探针骨架通过两根铝合金套管连接至 KF - 40 真空法兰，探针总长可以通过套管伸缩调整。

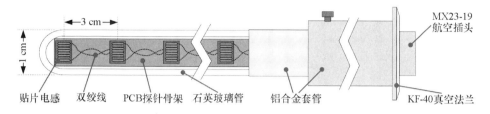

图 4.13　磁探针阵列结构

采样线圈产生的原始信号还需要积分运算才能得到所需的磁感应强度。常用方法有数值积分及硬件积分两类。在实际开发过程中发现，由于离散误差的存在，数值积分方法会产生一个积分累积误差，虽然能通过提高采样频率和采样分辨率等手段在一定程度上抑制该误差，但无法从根本上消除，且误差大小与信号强度处于相近量级。这一现象在磁场探针的实践使用中普遍存在[85-88]。因此，本书作者最终采用硬件积分方法。

如图 4.14 所示，探针阵列的每个采样线圈均与独立的无源 RC 积分电路连接，对应的电路方程组为

$$U_{emf} = -RC\frac{dU_{out}}{dt} + U_{out} \tag{4.14}$$

$$U_{out} = \frac{j}{j - 2\pi fRC}U_{emf} = \frac{j}{j - f/f_{cut}}U_{emf} \tag{4.15}$$

其中，U_{emf} 为采样线圈产生的原始信号，U_{out} 为积分电路的输出信号，f 为输入信号的频率，f_{cut} 为积分电路的截止频率，定义为

$$f_{cut} = \frac{1}{2\pi RC} \tag{4.16}$$

当 $f \gg f_{cut}$ 时，$U_{out} \approx 0$，电路工作在积分模式

$$U_{emf} = -RC\frac{dU_{out}}{dt} \Leftrightarrow U_{out} = -\frac{1}{RC}\int_0^t U_{emf}dt \tag{4.17}$$

进一步地，将式（4.16）代入式（4.17）可得

$$U_{out} = \frac{nA}{RC}B_\perp \tag{4.18}$$

其中，$B_\perp$ 为垂直线圈截面的磁感应强度。定义 β 为磁场诊断系统的敏感系数，则

$$B_{\perp} = \beta U_{\text{out}}, \ \beta = \frac{RC}{nA} \qquad (4.19)$$

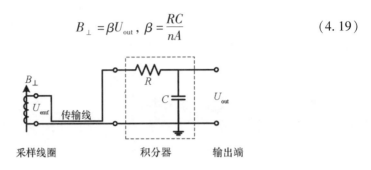

图 4.14 信号处理电路原理示意

在选择 R、C 时综合考虑了对 β 及 f_{cut} 的要求：（1）f_{cut} 满足 $f_{\text{cut}} \ll f$；（2）β 满足 $1 \ \text{mV} \ll U_{\text{out}} < 10 \ \text{V}$。基于以上考虑，最终选择 $R = 1 \ \text{k}\Omega$ 的无感电阻和 $C = 0.1 \ \mu\text{F}$ 的无感电容，对应的时间常数 $RC = 100 \ \mu\text{s}$，$f_{\text{cut}} = 1.59 \ \text{kHz}$，可保证大部分频率范围内的信号均能被正常地积分。对于所设计的磁场诊断系统，理论计算结果为 $\beta = 1.4 \ \text{T/V}$，对 0.5 T 磁场进行测量时，输出信号 $U_{\text{out}} = 354 \ \text{mV}$，强度适中。

制作完成的 B-dot 磁场诊断系统实物照片如图 4.15 所示。

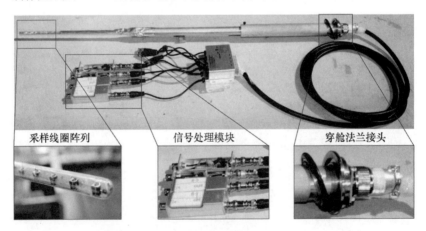

采样线圈阵列　　　信号处理模块　　　穿舱法兰接头

图 4.15 B-dot 探针磁场诊断系统实物照片

4.2.2 探针标定

由于传输线及电路元件中不可避免存在杂散电容及杂散电感，系数 β 会与理论存在偏差，且表现为频率 f 的函数，因此还需要在设计工作频率范围内对探针进行标定。

采用 Helmholtz 线圈提供标定探针所需的均匀已知磁场。Helmholtz 线圈轴线位置处的磁场大小可采用下式计算

$$B_{H,z}(z) = \frac{8}{\sqrt{125}}\mu_0 \frac{n_H I_H}{r_H}\Big[1 - \frac{144}{125}\Big(\frac{z}{r_H}\Big)^4\Big] \tag{4.20}$$

其中，μ_0 为真空磁导率；r_H 为 Helmholtz 线圈半径；n_H 为组成 Helmholtz 线圈的两个螺线管中一只的线圈匝数；I_H 为传导电流；z 为测点位置与两个线圈中点位置之间的轴向距离。在 $z=0$ 位置处对磁场探针进行标定，标定磁通密度为

$$B_{H,0} = C_H I_H, \quad C_H = \frac{8}{\sqrt{125}}\mu_0 \frac{n_H}{r_H} \tag{4.21}$$

其中，C_H 为 Helmholtz 线圈的线圈系数[89]。

Helmholtz 线圈的实际电路模型如图 4.16 所示，其中包含杂散电容 C_s 和杂散电阻 R_s，而电流表 A 测得的是总电流 I_t，包含通过 C_s 的位移电流 I_C 和通过 L、R_s 的传导电流 I_H 两部分，其中只有 I_H 产生的磁场才能满足式（4.20）和式（4.21）。在较低频率下，由于电容容抗较高，可以忽略 I_C，$I_t \approx I_H$；而在较高频率下，由于电容容抗较低，将无法忽略 I_C，此时 Helmholtz 线圈失效。满足 $I_t \approx I_H$ 的频率范围称作 Helmholtz 线圈的工作频率范围。

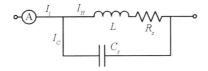

图 4.16　Helmholtz 线圈的实际电路模型

为了准确地标定磁场诊断系统，所设计的 Helmholtz 线圈需要满足以下要求：（1）均匀磁场区域的范围大于采样线圈尺寸；（2）Helmholtz 线圈的工作频率范围大于磁场诊断系统的设计频率范围。

综合以上两方面考虑，提出 Helmholtz 线圈的结构方案如下：$r_H = 36$ mm，$n_H = 40$，其理论线圈系数 $C_H = 9.9 \times 10^{-4}$ T/A；采用直径 1.8 mm 的利兹线绕制，绕制完成后的线圈外径为 44 mm，内径为 28 mm。经测量，其内阻 $R_s = 58\ \Omega$，自感 $L = 272\ \mu H$。在 1 A 直流电源驱动下，通过高斯计对 Helmholtz 线圈内部磁场进行测量，测量所得轴向磁感应强度 B_z 沿轴向及径向分布如图 4.17 所示。由图可见，在采样线圈尺寸范围内，Helmholtz 线圈所产生的磁场具有良好的均匀性，不均匀度 $<1\%$，实际线圈系数 $C_H = 9.9 \times 10^{-4}$ T/A，

与理论设计一致。

采用信号发生器驱动 Helmholtz 线圈，固定驱动电压为 10 V，调整频率范围，测量得到 I_t 幅值随频率变化关系如图 4.18 所示。根据测量结果和图 4.16 给出的电路模型，使用 Matlab 进行非线性拟合，得出 $C_s = 19$ pF。进一步地，通过计算得到 I_H 和 I_C 及相角 θ 随频率变化的关系，如图 4.18 所示，表明 Helmholtz 线圈的工作频率范围为 0~1 MHz，满足设计要求。

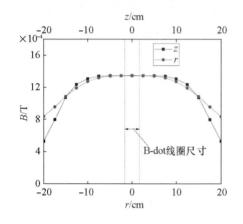
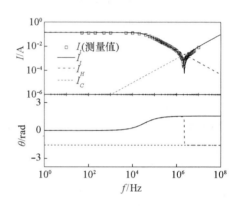

图 4.17　Helmholtz 线圈磁场分布特性　　　图 4.18　Helmholtz 线圈频率响应特性

基于所设计的 Helmholtz 线圈，搭建如图 4.19 所示的磁场探针标定系统。采用 RLC 脉冲激励电路来产生驱动电流，驱动电流频率通过改变电容调整。图 4.20 给出了磁场探针标定系统的实物照片。

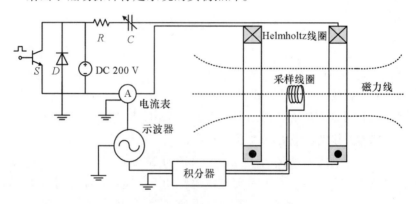

图 4.19　磁场探针标定系统的电路原理

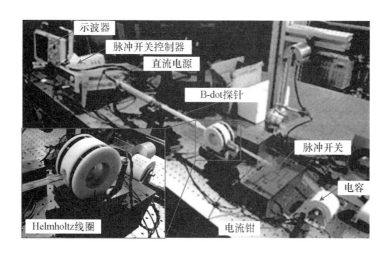

图 4.20　磁场探针标定系统的实物照片

图 4.21 给出了探针的 nA 值及 β 值标定结果，每个数据点取三次测量结果的平均值，忽略采样线圈 β 值在不同频率下的差异，表 4.1 总结了 β 在不同频率下的平均值及对应的相对误差大小。标定结果表明，所设计的磁场探针各个单元具有较好的一致性，在设计工作频率范围内，各单元探针系数可以视作常数。

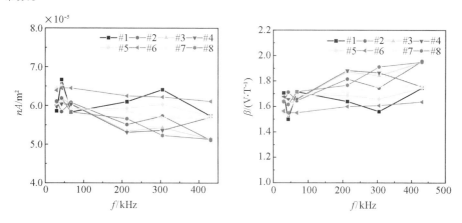

图 4.21　磁场探针标定结果

表 4.1　探针阵列标定结果

探针编号	#1	#2	#3	#4
nA/m^2	6.10×10^{-5}	5.73×10^{-5}	5.10×10^{-5}	5.74×10^{-5}
$\beta/(\mathrm{T \cdot V^{-1}})$	1.644	1.752	1.765	1.748
β 标准差	0.089	0.110	0.128	0.095
探针编号	#5	#6	#7	#8
nA/m^2	6.10×10^{-5}	6.31×10^{-5}	6.88×10^{-5}	5.69×10^{-5}
$\beta/(\mathrm{T \cdot V^{-1}})$	1.644	1.585	1.703	1.766
β 标准差	0.076	0.032	0.049	0.127

第 5 章　气团脉冲感应放电过程实验研究

为开展实验研究，本书作者设计了一个 PIT 实验平台，分别在稳态供气与脉冲气团喷注条件下开展了推力器工作过程实验研究。本章主要介绍实验平台设计以及气团初始电离、结构演化、能量沉积和感应加速等机理性实验研究结果。

5.1　实验平台设计与集成

实验平台包含协调赝火花开关（PSS）与快速脉冲气体阀（Fast Pulsed Gas Valve，FPGV）工作时序的触发控制子系统、为电容器充电的高压电源、提供气团感应放电环境的真空模拟腔以及实验测量系统。

5.1.1　触发控制子系统

根据第 3 章所述的赝火花开关与快速脉冲气体阀工作时序，设计原理如图 5.1 所示的触发控制子系统，原初控制信号由双通道信号发生器的 CH1/CH2 通道产生。为避免 PSS 的触发脉冲电压及 FPGV 的驱动脉冲电流干扰甚至损坏工作在低电压下的信号发生器，两路控制信号均通过光电转换器和光纤进行隔离（采用 HFBR – 1414Z 型光纤收发器）。

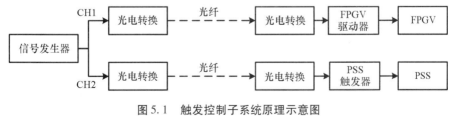

图 5.1　触发控制子系统原理示意图

5.1.2　高压充电电源

委托华中科技大学研制了一种专用高压电源，如图 5.2（a）所示，其最高充电电压可达 60 kV，最大输出功率为 20 kW；对实验装置中的 8 μF 电容组进行充电，充电至 16 kV 的最短时间为 0.2 s。该电源系统具有恒流源的工作特性，保证了电源与负载之间仅需用低阻值电阻进行隔离，就可以提供高效率的重复频率工作性能。

5.1.3　真空模拟腔

为了降低对开关及电容器的绝缘防护要求，获得纯净的等离子体电流片，设计了专门的真空模拟腔将气体放电区与开关及电容器等高压组件隔离，如图 5.2（b）所示。真空模拟腔为圆柱形，侧壁板为聚甲基丙烯酸甲酯（Polymethyl methacrylate，PMMA）材料，具备良好的光学透过性能。真空模拟腔的内径为0.5 m，刚好等于原理性 PIT 的感应线圈直径；高为 0.8 m，可为感生电流片提供足够远的运动距离。腔体顶部端盖同样采用 PMMA 材料制作，并设置了4 个标准 KF 法兰接口，用于安装 B‑dot 磁场探针阵列、工质填充管道、抽真空管道及真空规等。腔体下端面与感应线圈面板一体，通过 5 cm 宽的橡胶垫

(a) 高压充电电源

(b) 真空模拟腔

图 5.2　高压充电电源和真空模拟腔的实物照片

片进行密封。

真空模拟腔由一台机械泵及一台罗茨泵抽气时可保持压强不高于 4 Pa 的真空度。腔内绝对压强采用莱宝 CERAVAC CTR101N 薄膜电容规进行测量，量程为 0.01~133 Pa。对腔体内的气体通过反复置换可达到较高纯度。

5.1.4　实验测量系统

实验测量系统包含对等离子体内部磁场分布情况进行测量的 B - dot 磁场探针、对等离子体结构演化过程进行观测的高速相机、对激励电路电学参数进行监测的电流互感器和电压探头以及对等离子体辐射强度进行监测的光电探测器。

为了捕捉放电气团的结构演化过程，使用高速相机进行影像拍摄。相机型号为 FASTCAM SA - Z，其拍摄的帧速率范围为 50~224 000 f/s，曝光时间最短可达 0.95 μs；在最高拍摄帧速率下，设置分辨率为 384 像素×176 像素，最多能够记录时间长度为 1.27 s 的图像序列。同时，采用 Tektronix P6015A 高压探头测量感应电路的电压，采用 Pearson 5046 型电流互感器测量脉冲电流。对于气体感应放电的光辐射，采用 Thorlabs DET 10A 光电探测器测量光强度，探测的波长范围为 150~2600 nm，探测器的上升时间仅 1 ns。

5.1.5　实验平台集成

集成了原理性推力器及各类测量设备的实验平台总体结构和对应的实物照片如图 5.3 所示。

测量设备具体布置如下：

（1）采用高速相机观测放电气团结构演化过程，相机镜头设置于放电腔一侧，视场轴线位于激励线圈上表面上方适当距离并与其平行。高速相机通过示波器 1 的辅助输出端（Aux out）触发以实现与主放电的时间同步。

（2）光电探测器放置于放电腔外部、激励线圈斜侧上方约 1 m 位置处，监测放电气团的全局光辐射强度；电压探头放置于 PSS 高压电极一侧；电流探头放置于单支电容与 PSS 的连接电缆上，测量激励电路总电流的八分之一。光电探测器信号及电压、电流探头信号通过示波器 1 采集。

（3）B - dot 磁场探针阵列通过放电腔上端盖处的 KF40 法兰连接至真空舱内，实现对四个不同轴向位置处的径向磁感应强度 B_r 进行同步测量。四个测点

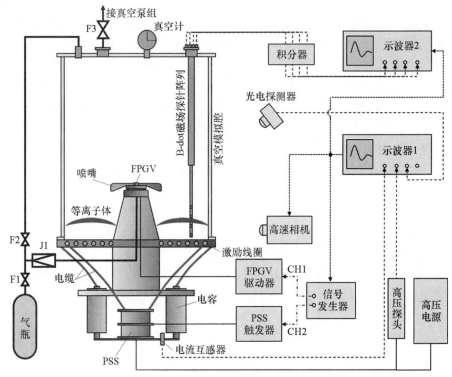

(a) 实验平台总体结构示意图

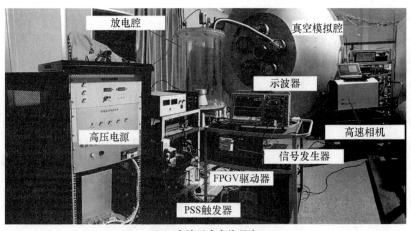

(b) 实验平台实物照片

图 5.3　实验平台集成

均位于激励线圈内外径中线处，距离激励线圈表面的距离 z 依次为 3 cm、6 cm、9 cm 和 12 cm。探针信号经积分器处理后由示波器 2 采集，示波器 2 通过其辅助输入端口（Aux in）与示波器 1 同步。

在稳态连续供气条件下，FPGV 处于关机状态，真空模拟腔压强 p_0 通过阀门 F2 调节；在脉冲气体喷注条件下，阀门 F2 关闭，推进剂通过 FPGV 经喷嘴加速后喷注至激励线圈表面，阀腔压强通过减压阀 J1 调节。

5.2 真空背景中稳态连续供气感应放电特性

本节在稳态连续供气条件下针对不同气压 p_0、电容器组充电电压 V_0 的参数组合进行气体放电特性对比，其中 p_0 为 $10 \sim 120$ Pa，V_0 为 $3.8 \sim 17.2$ kV。结果显示，在上述参数组合下均能实现气体的感应击穿，并观察在线圈放电期间持续的气团感应放电现象；分析高速相机成像结果发现，仅在较高 V_0 及较低 p_0 条件下，能观察到较为明显的电流片加速现象。本书仅给出 V_0 为 8.4 kV、13.2 kV 和 17.2 kV 三个电压水平，以及 p_0 为 10 Pa、20 Pa、50 Pa 和 80 Pa 四个气压水平下对应的参数组合的实验结果及分析。

5.2.1 长曝光照片

图 5.4 给出了固定 $p_0 = 80$ Pa，不同 V_0 下通过单反相机（Nikon D750）拍摄的放电过程长曝光照片。相机设置快门时间为 2 s，成像结果相当于整个放电过程的时间积分。由图可见，感应线圈表面形成了明显的蓝紫色等离子体，其亮度和范围均随放电电压的升高而增大。

(a) V_0=8.4 kV　　　　(b) V_0=13.2 kV　　　　(c) V_0=17.2 kV

图 5.4　气体放电长曝光照片（Ar 工质，$p_0 = 80$ Pa，ISO = 400，$f = 1/9.0$，见彩插）

5.2.2 高速相机图像

采用高速相机拍摄气体放电演化过程，拍摄总时长 131 μs，总帧数 88 帧，单帧曝光时间 0.95 μs，帧间间隔 1.49 μs。高速相机成功捕捉到了气体击穿到放电消失的全部过程。根据图像推测，放电气团的结构演化与加速过程主要发生在放电开始后的 30 μs 以内。

利用高速相机拍摄的图像可以对电流片的加速情况做量化分析。定义电流片的平均速度 v_t 为电流片前缘由放电初始时刻运动至喷注器的喷嘴唇部（$z =$ 20 cm）位置的平均速度

$$v_t = 0.2/t \tag{5.1}$$

如图 5.5 所示，计算结果表明，在稳态连续供气条件下 v_t 总是随着 V_0 的增大而增大，也随着 p_0 的减小而增大。特别地，在较高 p_0 及较低 V_0 条件下（譬如 p_0 为 80 Pa 或 50 Pa，V_0 为 8.4 kV），电流片几乎没有任何加速，气团放电部分始终紧贴在感应线圈表面。

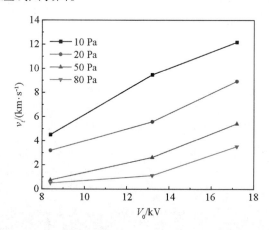

图 5.5 稳态供气条件下的电流片平均运动速度 v_t

图 5.6 至图 5.9 分别给出了稳态连续供气条件下，不同 p_0 及 V_0 下，t 在 0 ~ 30 μs 之间八个代表性时刻的成像结果。下面对放电气团的结构演化特征进行分析。

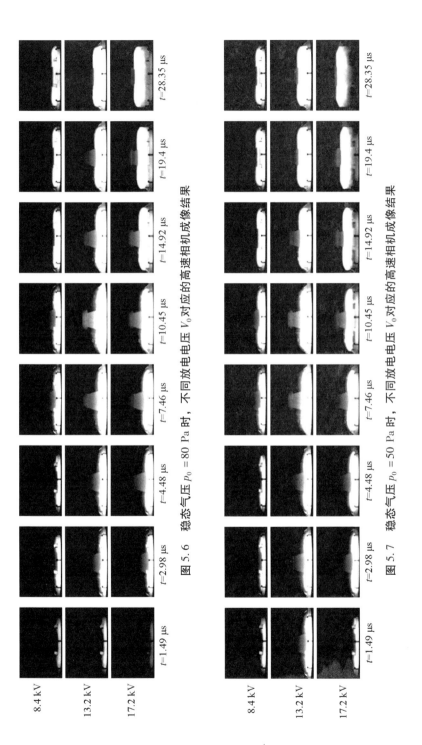

图 5.6 稳态气压 $p_0 = 80$ Pa 时，不同放电电压 V_0 对应的高速相机成像结果

图 5.7 稳态气压 $p_0 = 50$ Pa 时，不同放电电压 V_0 对应的高速相机成像结果

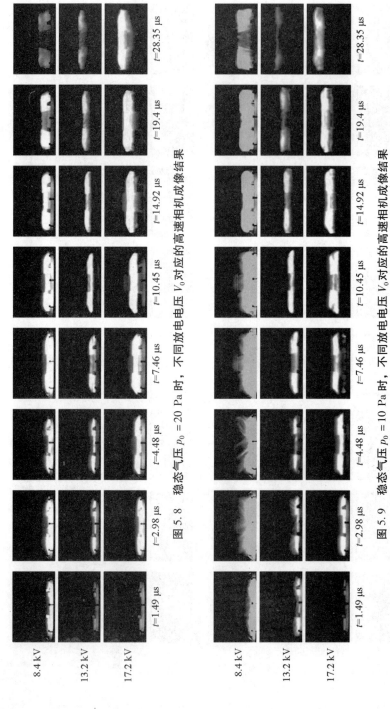

图 5.8　稳态气压 $p_0 = 20$ Pa 时，不同放电电压 V_0 对应的高速相机成像结果

图 5.9　稳态气压 $p_0 = 10$ Pa 时，不同放电电压 V_0 对应的高速相机成像结果

如图 5.6（$p_0 = 80$ Pa）所示的三组图像，在放电初期（$t = 1.49$ μs、$t = 2.98$ μs），感应线圈表面均产生了均匀的环形电流片薄层；伴随放电发展，电流片的前缘逐渐远离线圈表面，厚度不断增大；特别地，在 $V_0 = 8.4$ kV、$V_0 = 13.2$ kV 所对应的图像中，电流片后缘始终紧贴感应线圈表面，而在 $V_0 = 17.2$ kV 所对应的图像中，电流片后缘在 $t = 19.4$ μs 时刻开始逐渐脱离感应线圈表面。电流片脱离感应线圈表面的现象表明：电流片与线圈之间空域内的电子数密度已经足够小，线圈电流的磁场得以穿过这一区域持续地作用于更远处的电流片。如图 5.7 所示，将真空模拟腔气压降低至 $p_0 = 50$ Pa，在 $V_0 = 17.2$ kV 下电流片与感应线圈表面脱离的时间提前至 $t = 10.45$ μs。进一步地降低气压，如图 5.8（$p_0 = 20$ Pa）和图 5.9（$p_0 = 10$ Pa）所示，在 $V_0 = 17.2$ kV 和 $V_0 = 13.2$ kV 两个电压水平下均观测到电流片后缘脱离感应线圈表面的现象。综上所述，在稳态连续供气条件下，V_0 越高或 p_0 越低，越容易形成显著的运动电流片，且电流片加速效果越好。

值得注意的是，对于 $V_0 = 8.4$ kV 这一较低电压水平，即使 p_0 达到 10 Pa 以下，也未出现电流片后缘从感应线圈表面脱离的现象；在线圈放电的大部分时间里，气团感应放电区域比更高电压水平下的大，表明气团放电的导电层没有对线圈磁场起到有效的屏蔽作用。

根据 PIT 的已有研究结果及本书作者的数值仿真研究结果可知，建立"磁不渗透"的高质量电流片能实现对感应线圈磁场的有效阻塞，有利于增强电流片加速效果。高质量电流片在形貌上平整、均匀、致密，从所获得的高速相机影像结果来看，在 $p_0 = 20$ Pa 或 $p_0 = 10$ Pa、$V_0 = 17.2$ kV 或 $V_0 = 13.2$ kV 条件下所对应的气团感应放电区域内生成了相对较高品质的电流片。

除放电气团中电流片的结构演化特征外，由高速相机影像还可推测出放电初期中性气体工质的电离过程特征。由图 5.9 中 $p_0 = 10$ Pa、$V_0 = 8.4$ kV 对应的成像结果可见，在放电初期 $t = 1.49$ μs 时刻，气团远离线圈的一侧出现了不规则的放电"分叉"结构，该"分叉"在 $t = 1.49$ μs 至 $t = 4.48$ μs 期间不断"生长"，随后持续收缩，最终在 $t = 14.92$ μs 时刻消失。

对比图 5.9 中不同 V_0 下的成像结果可以发现：$V_0 = 13.2$ kV 时气团远离线圈的一侧的放电"分叉"得到有效削弱；进一步提高 $V_0 = 17.2$ kV 时，气团远离线圈的一侧的放电"分叉"不再出现。类似地，对比图 5.6 至图 5.9 所示在相同 V_0 水平（8.4 kV）、不同 p_0 下 $t = 1.49$ μs 时刻的图像可知，提高 p_0 同样能够有效抑制放电"分叉"现象。

由此，本书作者提出对气团放电"分叉"现象的解释：较低 V_0 下的线圈

感应初始电场 E_θ 较弱，中性气体的击穿不充分，生成的含电流片放电层不够致密，线圈表面上方空域不同角向的电磁场穿透距离大小不一，呈现不规则的气体放电"分叉"现象；伴随线圈和气团放电发展，含电流片放电层的电离度逐渐增大，其对线圈电磁场的屏蔽作用逐渐增强，气团放电"分叉"现象就会被削弱。提高 V_0 及增大 p_0 均有助于抑制气体放电"分叉"现象的产生。

5.2.3　磁场时空分布

　　针对 p_0 为 10 Pa、20 Pa 和不同 V_0 下的放电过程，采用 B-dot 磁场探针对感应线圈内外径中线上距离线圈表面 z 为 3 cm、6 cm、9 cm、12 cm 四个轴向位置处的径向磁感应强度 B_r 进行测量，结果如图 5.10 所示。

　　将图 5.10 中的各组磁场波形与图 2.11 所示空载放电状态的不同轴向位置的径向磁感应强度 B_r 随时间变化曲线对比，可见两个显著差异：（1）B_r 波形不再伴随 I_C 波形以相似的规律振荡。（2）不同 z 位置上的 B_r 不再成比例衰减。

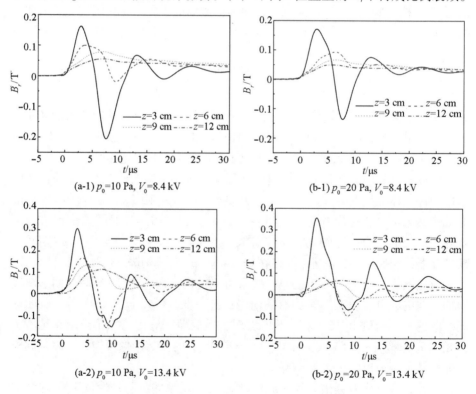

(a-1) p_0=10 Pa, V_0=8.4 kV　　　　(b-1) p_0=20 Pa, V_0=8.4 kV

(a-2) p_0=10 Pa, V_0=13.4 kV　　　　(b-2) p_0=20 Pa, V_0=13.4 kV

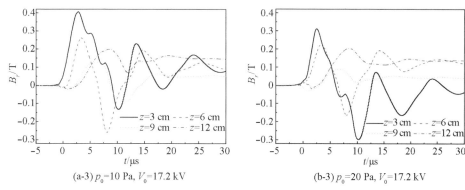

(a-3) p_0=10 Pa, V_0=17.2 kV　　　　　(b-3) p_0=20 Pa, V_0=17.2 kV

图 5.10　稳态连续供气产生电流片时不同轴向位置处径向磁感应强度 B_r
随时间变化曲线（见彩插）

下面对每组 B_r 波形进行具体分析。

首先对比固定 $p_0=10$ Pa 时，不同 V_0 对应的 B_r 分布情况，如图 5.10（a-1）到（a-3）所示。在图 5.10（a-1）中，距离线圈表面较近位置 $z=3$ cm 处的 B_r 呈现与 I_c 波形相近的振荡特征，而较远处 $z=6$ cm、$z=12$ cm 两个位置的 B_r 则要平缓得多，表明电流片对线圈磁场起到了一定屏蔽作用。如图 5.10（a-2）所示，V_0 增大至 13.2 kV，电流片对线圈磁场的屏蔽作用更加显著。特别地，在放电初始阶段 t 为 0～2 μs 期间，$z=12$ cm 处 B_r 几乎为零，而 $z=6$ cm 和 9 cm 处还具有较高的 B_r，表明电流片的建立还不够充分。伴随放电发展，在 t 为 5～6 μs 期间，$z=3$ cm 和 $z=6$ cm 两处的 B_r 变得几乎相同，且与 $z=9$ cm 和 $z=12$ cm 处的 B_r 具有较大差异，表明此时电流片正位于 $z=6$ cm 和 $z=9$ cm 之间，且对线圈磁场起到了有效的屏蔽作用，达到了"磁不渗透"状态。对比图 5.9 中相同时刻的高速相机图像发现，此时在 $z=6$ cm 和 $z=9$ cm 之间可以观察到均匀且致密的电流片结构。进一步增大电压至 $V_0=17.2$ kV，如图 5.10（a-3）所示，在放电初始时刻 $t=0$ μs 附近，可以观察到 z 为 6 cm、9 cm 和 12 cm 处的 B_r 几乎为零，表明此时在线圈表面已经形成了高质量的"磁不渗透"电流片；伴随电流片逐渐远离线圈表面，四个测点位置处的 B_r 则先后上升。

对比相同 p_0、不同 V_0 下的各组 B_r 波形还可以发现，B_r 波形的半周期宽度随 V_0 的增大而增大；而对比相同 V_0、不同 p_0 下的测量结果可以发现，B_r 波形的半周期宽度在较低的 p_0 下更大。这是因为在更大的 V_0 或更低的 p_0 下，由电流片远离线圈导致互感减小的速度更大，相应的系统等效平均总电感也更大（可由图 5.13 的计算结果验证），对应的时间周期也就更大。此外，横向对比

相同 V_0、不同 p_0 下的测量结果还可以发现，更高 p_0 下的电流片对线圈磁场的屏蔽效果更明显。

5.2.4　线圈电流特性

图 5.11 和图 5.12 分别对比了固定其他参数，不同 V_0 和 p_0 下的 I_C 曲线。首先，将这些稳态连续供气放电状态下的 I_C 曲线与图 2.8 中空载放电状态的 I_C 曲线进行对比可以发现，耦合气体感应放电后，I_C 的峰值变大而振荡周期变短、衰减速率变大。根据对图 1.27 的感应电路 – 等离子体变压器等效模型进行分析可知，这是由耦合放电气体负载后，系统总电感减小、总电阻增大所致。感应线圈与放电气体之间的互感越强，这一变化将越为显著。图 5.11 给出了稳态

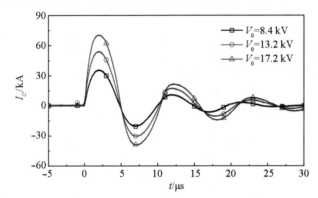

图 5.11　$p_0 = 10$ Pa 时不同电压 V_0 下的放电波形

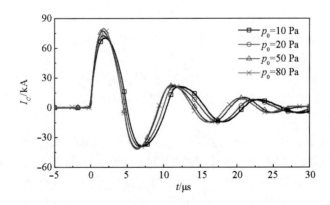

图 5.12　$V_0 = 17.2$ kV 时不同气压 p_0 下的放电波形

连续供气条件下，$p_0 = 10$ Pa 时不同 V_0 对应的 I_C 曲线，表明 V_0 越高则 I_C 曲线周期越短；图 5.12 给出了稳态供气条件下，$V_0 = 17.2$ kV 时不同 p_0 对应的 I_C 曲线，表明 p_0 越大则 I_C 曲线的峰值越高、时间周期越长。

采用理想 RLC 电路电流方程对稳态连续供气放电状态下的各组 I_C 曲线进行非线性拟合，可以得到等效的放电全过程平均总电感 L_t 和平均总电阻 R_t，计算结果分别如图 5.13 和图 5.14 所示。尽管该方法忽略了放电过程中电感和电阻随时间的变化情况，但其仍然为理解各工作参数如何具体影响推力器的推进性能提供了一种量化工具。计算结果表明，R_t 的取值范围为 $60 \sim 75$ mΩ，减去系统寄生电阻 R_0，感应放电气体的电阻 R_p 的取值范围为 $50 \sim 65$ mΩ，这与数值仿真结果基本一致。

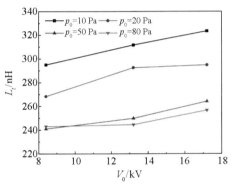

图 5.13　等效平均总电感 L_t

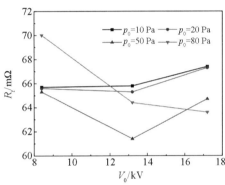

图 5.14　等效平均总电阻 R_t

分析图 5.13 发现：在稳态连续供气条件下，L_t 总是伴随 V_0 的增大而增大。这是因为 V_0 越大，电流片被加速得越快，线圈与等离子体之间的互感随轴向距离增大而下降的速度也越大。进一步分析图 5.14 发现：在 $p_0 = 80$ Pa 下，R_t 随 V_0 的增大而减小。这一变化趋势可由图 5.6 给出的放电气团结构演化过程解释：在 $p_0 = 80$ Pa 下，无论 V_0 多高，电流片始终紧贴激励线圈表面，导致大部分能量被用于提高放电气团的电离度，其电导率伴随 V_0 的增大而不断增大，相应地，R_t 则不断减小。在 $p_0 = 50$ Pa 时，R_t 随 V_0 的增大则先减小后增大。造成这一现象的原因可由图 5.7 解释：在 $p_0 = 50$ Pa 下，当 $V_0 = 8.4$ kV 和 $V_0 = 13.2$ kV 时，放电气团始终紧贴激励线圈，沉积至放电气团的能量主要用于电离；而在 $V_0 = 17.2$ kV 时，电流片后缘在 $t = 10.45$ μs 之后与线圈表面脱离并不断远离，一方面减小了电流片与线圈之间的互感，另一方面部分能量被转化为电流片的宏观动能，二者共同导致 R_t 增大。进一步地，在 $p_0 = 20$ Pa 时，随

着 V_0 的增大，R_t 先微弱地减小随后便显著增大；到 $p_0 = 10\ \mathrm{Pa}$ 时，R_t 则随 V_0 的增大而持续增大。

根据 I_C 波形还可以估算放电能量向放电气团沉积的情况。初始存储在电容器中的能量 E_0，在放电结束时一部分残余在电容器中（记为 E_C），一部分通过感应电路内阻的阻性耗散损失掉（记为 E_{R_0}），剩下的则沉积到放电气团中（记为 E_p）。其中，E_0 和 E_C 可以通过电压探头测量的电容器电压 V_C 计算，E_{R_0} 则可以通过感应电路内阻 R_0 和线圈电流 I_C 计算

$$E_{R_0} = \int_0^t I_C^2 R_0 \mathrm{d}t \qquad (5.2)$$

其中，R_0 可通过本书第 2 章介绍的放电电路在大气中空载放电测试获得。

定义推力器的放电气团能量沉积效率 ξ 为

$$\xi = E_p / E_0 \qquad (5.3)$$

各组实验条件下 ξ 的计算结果如图 5.15 所示，表明各组实验条件下的 ξ 均在 0.75 以上，即电容器存储的电能的较大份额都转移到了放电气团中。特别地，在较高 p_0（80 Pa、50 Pa）下，ξ 随 V_0 增大而减小；而在较低 p_0（20 Pa、10 Pa）下，ξ 则随 V_0 增大而增大。

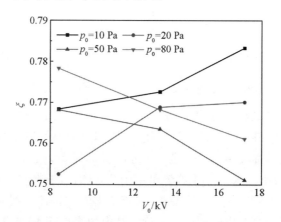

图 5.15　放电气团能量沉积效率随电压和气压变化的计算结果

5.2.5　气团放电辐射强度

图 5.16 和图 5.17 分别对比了稳态连续供气条件下固定其他参数，不同 p_0 或 V_0 下的光电探测器信号强度 U_r。首先对比固定 $V_0 = 17.2\ \mathrm{kV}$ 时不同 p_0 对应

的 U_r 曲线，如图 5.16 所示，可见 p_0 越高则 U_r 的整体强度越大。特别地，在 $p_0 = 80$ Pa 和 $p_0 = 50$ Pa 时，U_r 呈现上升—下降—再次上升—持续下降的特征，t 为 0~15 μs 的波形起伏与图 5.12 中的 I_C 曲线一致，表明气团放电与感应线圈处于较强的耦合状态。降低气压至 $p_0 = 20$ Pa，U_r 首先随 I_C 迅速上升，在 t 为 3~12 μs 期间变化相对平缓；降低气压至 $p_0 = 10$ Pa 后，U_r 在 t 为 3~12 μs 期间几乎保持不变。t 为 3~12 μs 期间气团中的电流片脱离线圈表面并加速远离，电流片与感应线圈之间的互感持续降低，沉积至气团中的能量被更多地转化为电流片宏观运动的动能，导致 U_r 几乎保持不变。

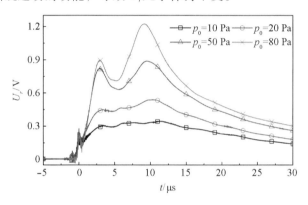

图 5.16 $V_0 = 17.2$ kV 时不同气压 p_0 下的放电气团辐射波形

图 5.17 给出了固定 $p_0 = 10$ Pa 时不同 V_0 对应的 U_r 波形。与图 5.11 对比可见，此气压下 t 为 0~15 μs 的 U_r 波形仍呈现与 I_C 同步振荡特征，但起伏相对平缓，表明放电能量被更有效地转化为感应放电气团的宏观动能；特别地，V_0 越高则 U_r 越大，且 U_r 在 t 为 3~12 μs 期间的波动越不明显。

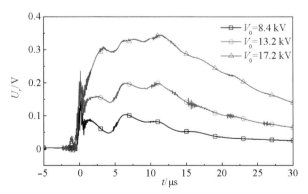

图 5.17 $p_0 = 10$ Pa 时不同电压 V_0 下的放电气团辐射波形

进一步地，对 U_r 在放电时间上积分得到不同工作条件下的相对辐射总量 $\hat{E}_{rad}$，如图 5.18 所示，表明相对辐射总量随 V_0 升高而增大；而在 V_0 相同时，降低气压 p_0 有利于减少辐射损失。

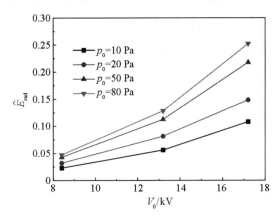

图 5.18　放电气团辐射强度 U_r 在放电时间段上的积分随电压和气压变化曲线

5.3　真空背景中喷注脉冲气团感应放电特性

本节首先通过实验测定了快速脉冲气体阀（FPGV）与赝火花开关（PSS）触发的最优延迟时间，然后开展了对真空背景中喷注脉冲气团感应放电特性的研究，记录和分析了相应的高速相机成像、光电探测器波形和感应线圈电流波形。各组实验的真空模拟腔背景压强不大于 4 Pa；脉冲气体喷注质量分为 $m_{bit} = 2.4$ mg 和 $m_{bit} = 2.9$ mg 两组。

5.3.1　快速脉冲气体阀与赝火花开关的触发时序匹配

图 5.19 详细展示了脉冲气体喷注条件下，PIT 控制信号和各组部件工作状态的时序关系。（1）电容器开始充电之后，其电压通过高压探头由示波器 1 实时监测；（2）当电容器电压达到设定值时，示波器 1 的辅助输出端口向信号发生器送出一个触发信号；（3）示波器 1 的触发信号激励信号发生器依次由 CH1、CH2 通道产生两个时间间隔为 Δt 的信号，分别发送给 FPGV 和 PSS；（4）FPGV 在 CH1 信号的触发下开启阀口、喷出气团，经过 Δt^* 时间后在感应

线圈表面达到较为理想的分布，此时 PSS 刚好在 CH2 信号的触发下接通感应电路开始放电。

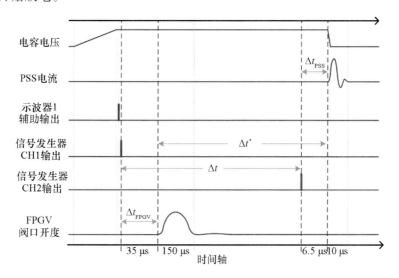

图 5.19　PIT 工作时序示意图

如本书第 3 章所述，作者研制的快速脉冲气体阀和气团喷注装置在 Δt^* 为 $500 \sim 625$ μs 时，推进剂在感应线圈表面分布的均匀性与径向压缩效果达到最佳状态。考虑到供气阀门开启的固有延迟时间 Δt_{FPGV} 与放电回路导通的固有延迟时间 Δt_{PSS} 及其抖动的影响，实际采用的 CH1、CH2 两路触发信号的延迟时间设定值 Δt 会与理论估算结果 Δt^* 存在一定误差。本书作者实验中以气团辐射强度 U_r 的峰值 $(U_r)_m$ 作为评价指标，对脉冲气体喷注条件下，FPGV 与 PSS 触发的最优延迟时间进行了测定。

对于脉冲气体喷注条件，较为理想的气体分布典型特征之一是气团在感应线圈表面得到了有效压缩。如图 5.20 所示，稳态供气条件下的实验结果已经表明气团辐射强度 U_r 与线圈表面的气体压强 p_0 具有正相关关系，因而通过对比不同延迟时间 Δt 对应的 U_r 峰值 $(U_r)_m$ 可以找到最优的 Δt。

由此，实验测量了两组不同工作参数组合下，CH1、CH2 两路触发信号的延迟时间 Δt 在 $0 \sim 1400$ μs 范围内若干取值的气体辐射峰值。由于放电气团加速远离线圈的过程会影响其与回路的耦合状态，为排除此因素干扰，选取的两组实验参数具有相同的比能量水平。

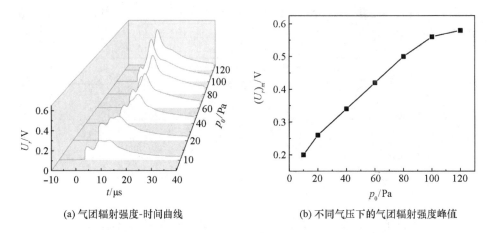

(a) 气团辐射强度-时间曲线　　　　　　　　(b) 不同气压下的气团辐射强度峰值

图 5.20　稳态供气条件下不同气体压强 p_0 对应的辐射亮度曲线

图 5.21 和图 5.22 分别给出了不同脉冲气体喷注条件下，两组实验对应的 U_r 随 Δt 变化的情况。测量结果表明，U_r 的峰值大小随 Δt 的增加先增大后减小，且两组实验均在 $\Delta t \approx 600$ μs 达到最大值。考虑到 $\Delta t_{FPGV} \approx 35$ μs，$\Delta t_{PSS} \approx 6.5$ μs，取气体阀门开启触发与放电回路开关导通触发之间的实际延迟时间 $\Delta t^* \approx 572$ μs。

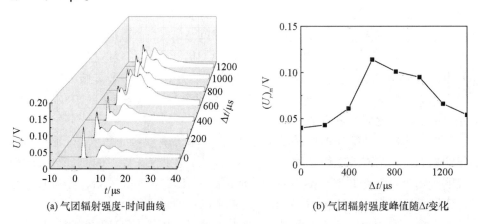

(a) 气团辐射强度-时间曲线　　　　　　　　(b) 气团辐射强度峰值随Δt变化

图 5.21　较小质量脉冲气团喷注条件下不同延迟时间对应的气团辐射强度
（$m_{bit} = 2$ mg，$V_0 = 8.5$ kV）

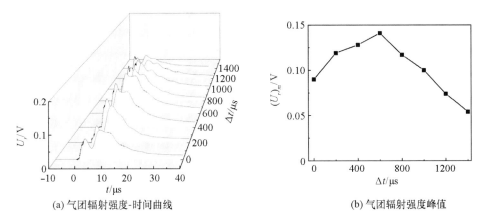

(a) 气团辐射强度-时间曲线

(b) 气团辐射强度峰值

图 5.22　较大质量脉冲气团喷注条件下不同延迟时间对应的气团辐射强度

($m_{bit} = 2.7$ mg，$V_0 = 10$ kV)

5.3.2　放电气团结构演化过程分析

首先采用与稳态供气条件相同的方法得到电流片的解耦速度 v_t，如图 5.23 所示。图 5.23 表明脉冲气体喷注条件下的放电气团得到了非常有效的加速，其 v_t 随 m_{bit} 的减小及 V_0 的增大而增大。特别地，在 $m_{bit} = 2.4$ mg、$V_0 = 17.2$ kV 的条件下获得了各组实验中最高的电流片解耦速度 $v_t \approx 15\ 000$ m/s。

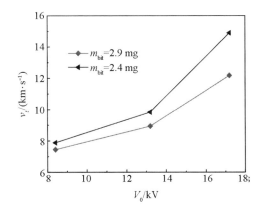

图 5.23　脉冲气体喷注条件下的电流片解耦速度 v_t

图 5.24 和图 5.25 显示了不同 m_{bit} 和 V_0 对应的高速相机成像结果。两组实验对应的放电气团运动速度不同，但其结构演化过程具有较高的相似性。如

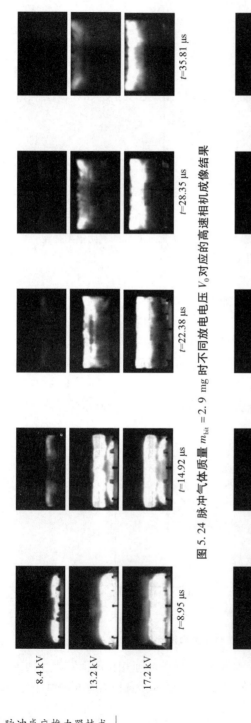

图 5.24 脉冲气体质量 $m_{\text{bit}} = 2.9$ mg 时不同放电电压 V_0 对应的高速相机成像结果

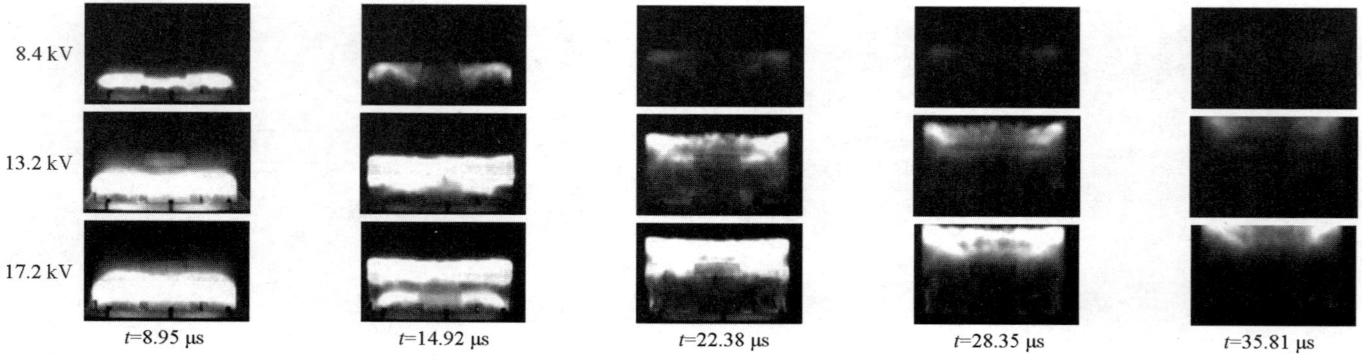

图 5.25 脉冲气体质量 $m_{\text{bit}} = 2.4$ mg 时不同放电电压 V_0 对应的高速相机成像结果

图 5.25 所示，在 V_0 为 8.4 kV、13.2 kV、17.2 kV 等不同放电电压下，放电初始时刻均能观察到显著的气团放电"分叉"结构，且"分叉"的大小随 V_0 的增大反而更加明显（不同于稳态连续供气条件）；电流片均产生了与线圈表面的接触脱离的现象；电流片的致密性、平整性明显比稳态连续供气条件下差；$t = 14.92~\mu s$ 时刻，$V_0 = 13.2$ kV 和 $V_0 = 17.2$ kV 条件下在主电流片后方出现了明显的次生电流片结构；$t = 28.35~\mu s$ 时刻，电流片后方留下了明显尾迹，表明大量气体未能伴随电流片被加速，即存在显著的"雪耙"损失。以上分析表明，工质的分布情况会显著影响气体初始电离及后续放电气团结构演化过程。

5.3.3 感应电路电流波形分析

图 5.26 给出了脉冲气体喷注条件下，固定 $V_0 = 17.2$ kV，两种 m_{bit} 对应的感应电路总电流 I_C 随时间变化曲线。由图可见，m_{bit} 大则 I_C 的峰值稍高、时间周期稍短，总体上两组实验结果的差异并不明显。

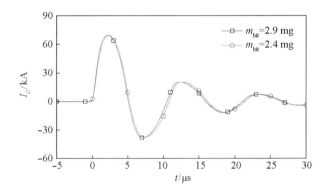

图 5.26 $V_0 = 17.2$ kV 时两种脉冲气体质量的电路电流波形

图 5.27 和图 5.28 分别给出了通过对 I_C 曲线进行非线性拟合得到的放电电路等效平均总电感 L_t 和平均总电阻 R_t。

如图 5.27 所示，脉冲气体喷注条件下各组实验的 L_t 均大于稳态供气条件下的对应结果（见图 5.13）；且不同于稳态供气条件，脉冲气体喷注条件下的 L_t 随 V_0 的增大而减小。作者分析认为 L_t 更大的原因在于：在脉冲气体喷注条件下，初始气体分布不均匀，导致电流片的致密性和均匀性较差，对线圈电流磁场的阻塞效果较弱，相应的放电气团与线圈的互感更小；且在脉冲气体喷注条件下，"磁不渗透"电流片的建立更加困难，需要通过提高 V_0 增强电离来增强

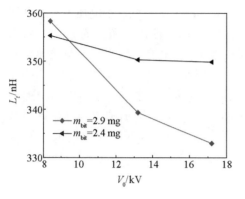

图 5.27　等效平均总电感 L_t　　　　图 5.28　等效平均总电阻 R_t

电流片的致密性，因此其 L_t 会伴随 V_0 的增大而减小。

如图 5.28 所示，脉冲气体喷注条件下各组实验的 R_t 同样均大于稳态供气条件下的对应结果（见图 5.14），且 R_t 随 V_0 的增大而显著增大，这一趋势与稳态供气条件较低 p_0 水平下的实验结果相似。作者分析认为，脉冲气体喷注状态下电流片的脱离和加速过程更加明显，相应地，R_t 随 V_0 增大的趋势也更加显著。

图 5.29 给出了脉冲气体喷注条件下的气团能量沉积效率 ξ 的计算结果，可以看出各组实验对应的 ξ 在大部分 V_0 水平下均高于稳态供气条件。由于脉冲气体喷注条件下的放电气团在感应线圈表面的停留时间一般短于稳态供气条件（通过对比高速相机成像结果得出），且放电气团的内能也相对较低（通过对比等离子体辐射强度曲线得出），造成其 ξ 较高的原因可能是更多的能量沉积转化为了气团的宏观动能。

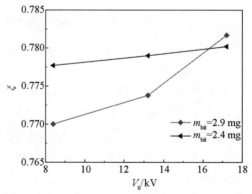

图 5.29　放电气团的能量沉积效率随电压和气团质量变化

图 5.30 给出了脉冲气体喷注条件下，固定 $V_0 = 17.2\ \mathrm{kV}$ 时不同 m_{bit} 对应的气团辐射强度 U_r 随时间变化情况，表明 U_r 波形呈现与稳态供气条件较低 p_0 下相类似的特征：随 I_c 迅速上升之后，在 t 为 $3\sim12\ \mu\mathrm{s}$ 期间 U_r 随 I_c 振荡而起伏但总体呈爬升趋势，表明电离度不断增大；m_{bit} 大时的 U_r 整体稍高。

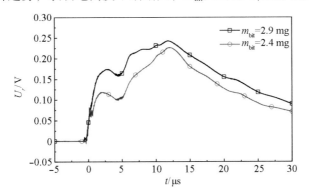

图 5.30　不同脉冲气体质量 m_{bit} 在 $V_0 = 17.2\ \mathrm{kV}$ 时的辐射强度随时间变化曲线

对 U_r 在放电时间上积分得到其相对辐射总量 $\hat{E}_{\mathrm{rad}}$，如图 5.31 所示，表明对于所考虑的两组脉冲气体喷注质量，其辐射损失均远低于稳态供气条件下的结果（见图 5.18）。增大 V_0 或者减小 m_{bit}，均有利于降低气团辐射造成的损失。

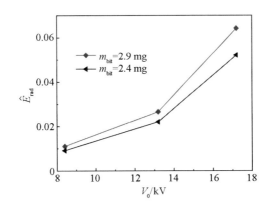

图 5.31　脉冲气团辐射强度 U_r 在放电时间上的积分随电压和质量变化

第 6 章　PIT 工作过程数值模拟与分析

本书作者发展了一种耦合电路与气团、流场与电磁场的拓展磁流体动力学模型，能够描述 PIT 工作过程中的感应电路总电流、线圈附近电磁场、气体流场、气团中电离 – 复合反应与物性参数变化的多场耦合现象。本章主要介绍流场和磁场及电路方程、放电气体模型、边界条件、求解方法、网格划分以及对模型有效性的初步验证。

6.1　数学物理模型

6.1.1　模型几何域和计算域

在已发展的各型 PIT 中，采用 Ar 工质且数据最全面的是原 TRW 公司开发的 PIT Mark-I 推力器。本章主要以该型推力器的数据验证模型的有效性，故以该推力器的结构为参照，如图 6.1 所示，确定数值模拟对象的几何域，认为对

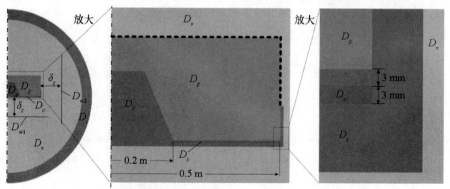

图 6.1　数值模拟对象的几何域和计算域划分（见彩插）

象是二维轴对称的。再将建模对象划分为七个计算域：气体域 D_p，感应线圈域 D_c，非金属结构域 D_s，真空域 D_v，金属结构域 D_{w1}、D_{w2}，以及无限元域 D_i。

对各计算域的基本假设如下：

（1）气体只存在于 D_p 中，用磁流体动力学控制方程组表述其流场分布，用局部热力学平衡气体模型描述其组分和物性参数。

（2）感应线圈被等效为具有均匀电流密度的圆环形区域 D_c，其电流密度由感应电路电流大小和线圈构型决定。

（3）由电绝缘材料制作的线圈面板、绝缘盖板以及支撑供气阀与喷嘴的喷注塔，统一划分为 D_s，取电导率为 0。

（4）真空域 D_v 是人为划定的忽略推力器气体存在的空间，在其中只存在传播的电磁场。

（5）在实际的推力器中，存在一个大面积的金属共地板用于安装电容器、屏蔽线圈磁场对电容器的影响。这个大面积的金属共地板被划分为 D_{w1}。地面真空模拟实验时采用的真空舱的金属厚壁被划分为 D_{w2}。D_{w1}、D_{w2} 中的电导率根据材料属性设置。

（6）由于理论上电磁场能传播至自由空间中的无限远区域，为保证计算结果的准确性，在设置 D_v 域足够大（其外径尺寸为感应线圈直径的三倍）的同时，在其外部再设置无限元域 D_i。

6.1.2　场与电路方程

6.1.2.1　流场方程

采用单流体、单温度的磁流体动力学（MHD）控制方程组描述 D_p 区域中的气体流场：将气体中的电子、正离子和中性粒子视作同一流体处理，具备统一的流动速度、统一的温度；认为气体处于局部热力学平衡（LTE）状态；电磁场对流场的作用考虑电磁力和阻性耗散热，流场对电磁场的作用考虑动生电动势[60]。

使用上述模型描述气体流场，需要满足以下假设和条件：

（1）连续介质

D_p 区域内的气体重粒子数密度 $n \approx 10^{22}$ m^{-3}，电子温度 $T_e \approx 3 \times 10^4$ K[40]，相应的电子碰撞截面 $Q_{en} \approx 10^{-17}$ $m^{2[61]}$，计算所得电子平均自由程 $\lambda_{en} \approx 1 \times 10^{-5}$ m，

远小于推力器的空间尺度，即 Knudsen 数 $K_n \ll 1$，满足连续介质假设。

（2）准电中性

D_p 区域内的气体，仅在与壁面接触的鞘层区域以及感生电流片内部可能存在空间电荷。鞘层区域、电流片内部的电子和正离子发生空间电荷分离的尺度与德拜长度 λ_D 相当[62]

$$\lambda_D = \sqrt{\frac{\varepsilon_0 \kappa_B T_e}{n_e e^2}} \tag{6.1}$$

根据（1）中的电子温度和气体重粒子数密度数据计算得 $\lambda_D \approx 7 \times 10^{-8}$ m，与推力器尺寸（约 1 m）及本书所关注的气体中电流片厚度（约数厘米）相差数个量级，因此在所考虑的空间尺度上满足准电中性条件。

采用下式估算等离子体的特征频率 f_p[62]

$$f_p = \frac{1}{2\pi} \sqrt{\frac{e^2 n_e}{\varepsilon_0 m_e}} \tag{6.2}$$

根据（1）中的气体重粒子数密度数据计算得 $f_p \approx 9 \times 10^8$ kHz，远大于线圈电磁场的等效频率（约 100 kHz）。因此在所考虑的时间尺度上，同样满足准电中性条件。综上所述，D_p 区域内的气体在整个推力器脉冲工作过程以及所关注的流场空间尺度上，始终满足准电中性条件。

（3）局部热力学平衡

局部热力学平衡的主要内容是：气体中各类微观粒子组分的热运动速度均满足相同温度的 Maxwell 速度分布函数；每一种重粒子组分的处于各能级的粒子数密度均满足相同温度的 Boltzmann 分布；各种化学反应达到平衡状态，且各种反应组分的粒子数密度满足质量作用定律；电子平动温度 T_e 和重粒子平动温度 T_h 相等，即 $T_e = T_h = T$。

实际上可能出现 T_e 高于 T_h 的情况。电子与重粒子发生碰撞会损失能量，只有当电子组分从外电场获取能量补充的情况下才能维持 T_e 高于 T_h。根据上述两项能量平衡机制，采用如下计算式[63]估算 T_e 与 T_h 的差异

$$\frac{T_e - T_h}{T_e} = \frac{\pi}{48} \frac{m_h}{m_e} \left(\frac{e E \lambda_{en}}{\kappa_B T_e} \right)^2 \tag{6.3}$$

对于 D_p 区域内的感应放电 Ar，有 $m_h/m_e \approx 7.3 \times 10^4$，$E \approx 10^3$ V/m，$\lambda_{en} \approx 1 \times 10^{-5}$ m，$T_e \approx 3 \times 10^4$ K，代入上式计算得 $(T_e - T_h)/T_e \approx 7\%$，即 T_e 与 T_h 的偏差不大，认为满足局部热力学平衡条件。

需要特别指出的是：在 LTE 假设下，放电气体的辐射强度不满足黑体辐

射的 Planck 定律，因而不存在与 T 相等的气体辐射温度 T_{rad}。在大部分情况下，将放电气团看作光学薄的（对辐射无吸收作用）辐射介质；气团的辐射损失功率密度可以作为体积负源项加入相应的能量方程中[63]。

在上述假设下，D_p区域中的气体流场控制方程组由连续方程、动量方程、能量方程以及状态方程组成，分别为

$$\frac{\partial \rho}{\partial t} + \nabla \cdot (\rho \boldsymbol{u}) = 0 \tag{6.4}$$

$$\rho \frac{\partial \boldsymbol{u}}{\partial t} + \rho (\boldsymbol{u} \cdot \nabla) \boldsymbol{u} = \nabla \cdot (-p\boldsymbol{I} + \boldsymbol{\tau}) + \boldsymbol{F}_{\text{ltz}} \tag{6.5}$$

$$\rho c_p \left(\frac{\partial T}{\partial t} + \boldsymbol{u} \cdot \nabla T \right) = \nabla \cdot (k \nabla T) + \boldsymbol{\tau}{:}\boldsymbol{S} - \frac{T}{\rho} \frac{\partial \rho}{\partial T} \bigg|_p \left[\frac{\partial p}{\partial t} + (\boldsymbol{u} \cdot \nabla) p \right] + Q_{\text{rh}} - Q_{\text{rad}}$$

$$\tag{6.6}$$

$$p = \rho \overline{R} T \tag{6.7}$$

其中，ρ 为密度；$\boldsymbol{u}$ 为流场速度矢量；$\boldsymbol{I}$ 为单位对角张量；$\boldsymbol{\tau}$ 为黏性应力张量；$\boldsymbol{F}_{\text{ltz}}$ 为洛伦兹力矢量；c_p 为定压比热容；$\boldsymbol{S}$ 为流体微元应变张量；$\overline{R}$ 为混合气体的平均气体常量，是状态量 p、T 的函数。

式（6.6）等号右侧的五项从左至右依次为热传导项、黏性耗散项、压力耗散项、欧姆热源项 Q_{rh} 和辐射耗散项 Q_{rad}。需要特别指出的是，在计算气体热力学参数时将电离能也作为内能的一部分，因而在式（6.6）中不存在电离 – 复合反应的反应热源项。$\boldsymbol{\tau}$ 和 $\boldsymbol{S}$ 分别由下式计算

$$\boldsymbol{\tau} = \mu_{\text{vis}} \left[\nabla \boldsymbol{u} + (\nabla \boldsymbol{u})^{\text{T}} \right] - \frac{2}{3} \mu_{\text{vis}} (\nabla \cdot \boldsymbol{u}) \boldsymbol{I} \tag{6.8}$$

$$\boldsymbol{S} = \frac{1}{2} \left[\nabla \boldsymbol{u} + (\nabla \boldsymbol{u})^{\text{T}} \right] \tag{6.9}$$

其中，μ_{vis} 为气体的动力黏度[64-65]。

6.1.2.2 磁场方程

媒质中的电磁场可由 Maxwell 方程组和本构关系进行描述[66]，其中 Maxwell 方程组为

$$\nabla \times \boldsymbol{E} = -\frac{\partial \boldsymbol{B}}{\partial t} \tag{6.10}$$

$$\nabla \times \boldsymbol{H} = \boldsymbol{J} + \frac{\partial \boldsymbol{D}}{\partial t} \tag{6.11}$$

$$\nabla \cdot \boldsymbol{B} = 0 \tag{6.12}$$

$$\nabla \cdot \boldsymbol{D} = \rho_e \tag{6.13}$$

其中，式（6.10）为法拉第电磁感应定律，式中的 $\boldsymbol{E}$、$\boldsymbol{B}$ 分别表示电场强度矢量、磁通密度矢量；式（6.11）为安培定律，式中的 $\boldsymbol{H}$、$\boldsymbol{D}$ 分别表示磁场强度、电位移强度，$\boldsymbol{J}$ 表示传导电流密度，$\partial \boldsymbol{D}/\partial t$ 则表示位移电流密度；式（6.12）为磁场无源条件；式（6.13）为电场有源关系，ρ_e 为净电荷密度。

本构关系表示为

$$\boldsymbol{D} = \varepsilon_r \varepsilon_0 \boldsymbol{E} \tag{6.14}$$

$$\boldsymbol{B} = \mu_r \mu_0 \boldsymbol{H} \tag{6.15}$$

$$\boldsymbol{J} = \sigma(\boldsymbol{E} + \boldsymbol{u} \times \boldsymbol{B}) + \rho_e \boldsymbol{u} \tag{6.16}$$

其中，式（6.14）为电场的本构关系，ε_r、ε_0 分别表示媒质的相对介电常数张量和真空电容率张量；式（6.15）为磁场的本构关系，μ_r、μ_0 分别表示媒质的相对磁导率张量和真空磁导率张量；式（6.16）为广义欧姆定律，$\boldsymbol{u}$ 表示媒质的宏观运动速度矢量（在 D_p 区域中即流场控制方程组中的流动速度矢量），$\boldsymbol{u} \times \boldsymbol{B}$ 项表示因媒质宏观定向运动产生的感应电场，σ 为电导率张量，式（6.16）暂未考虑霍尔效应及离子滑移效应的影响。

下面针对模拟对象的物理过程参数特征简化磁场控制方程组。

（1）媒质本构关系简化

电磁场计算域中的媒介包括气体及部分放电气体、真空、绝缘材料、非铁磁性导体材料等四类，取其相对磁导率均与自由空间相同，$\mu_r = 1$；对象具有轴对称特征，$\boldsymbol{J}$ 仅存在角向分量 J_θ，$\boldsymbol{B}$ 仅存在径向分量 B_r 和轴向分量 B_z，$\boldsymbol{E}$ 仅存在角向分量 E_θ，在计算 $\boldsymbol{J}$ 时电导率张量 σ 作为标量处理；不考虑放电气体中的极化现象，D_p 区域的相对介电常数 $\varepsilon_r = 1$；真空域 D_v 及金属结构域 D_{w1}、D_{w2} 的相对介电常数 $\varepsilon_r = 1$；非金属结构域 D_s 的 ε_r 根据具体材料属性设置。

（2）非相对论运动条件简化

对式（6.11）中的 $\nabla \times \boldsymbol{H}$ 和 $\partial \boldsymbol{D}/\partial t$ 两项进行量阶估计

$$\frac{\nabla \times \boldsymbol{H}}{\partial \boldsymbol{D}/\partial t} = O\left(\frac{\dfrac{B}{\mu_0 L}}{\dfrac{\varepsilon_0 E}{t}}\right) = O\left(\frac{B}{E} \frac{1}{\mu_0 \varepsilon_0} \frac{1}{L/t}\right) = O\left(\frac{1}{u}c^2 \frac{1}{u}\right) = O\left(\frac{c^2}{u^2}\right) \gg 1 \tag{6.17}$$

其中，L、t 分别为模拟对象的空间尺度和电磁场变化的特征时间尺度。实验测量结果及"雪耙"机电模型的模拟结果均表明：PIT 中的气体获得高效加速的条件是达到"动态匹配"状态，其气团的宏观运动与电磁场变化具有相同的时间尺度。如此，式（6.17）中的 L/t 一项便与气团的宏观定向运动速度 u

具有相同量级；而 $\dfrac{1}{\mu_0\varepsilon_0}$ 一项则等于 c^2（c 为真空中的光速）；由式（6.10）可知，E/B 与 u 具有相近的量级。综合以上分析，在气团运动速度远低于光速的非相对论条件下，位移电流项 $\partial \boldsymbol{D}/\partial t$ 可以忽略。

（3）无净电荷简化

在建立流场控制方程组时已经假设 D_p 区域的气体满足准电中性条件，其净电荷密度 $\rho_e=0$；金属结构域 D_{w1}、D_{u2} 的 $\boldsymbol{E}$ 仅存在角向分量 E_θ，而 D_{w1}、D_{u2} 在圆周方向闭合导通，因此 D_{w1}、D_{u2} 不会存在因电场导致的电荷集中现象，其 $\rho_e=0$；此外，真空区域 D_v、非金属结构域 D_s、无限元域 D_i 也同样满足 $\rho_e=0$。

简化后的 Maxwell 方程组及广义欧姆定律可分别表示为

$$\nabla \times \boldsymbol{E} = -\frac{\partial \boldsymbol{B}}{\partial t} \tag{6.18}$$

$$\nabla \times \boldsymbol{B} = \mu_0 \boldsymbol{J} \tag{6.19}$$

$$\nabla \cdot \boldsymbol{B} = 0 \tag{6.20}$$

$$\nabla \cdot \boldsymbol{E} = 0 \tag{6.21}$$

$$\boldsymbol{J} = \sigma(\boldsymbol{E} + \boldsymbol{u} \times \boldsymbol{B}) \tag{6.22}$$

将式（6.22）代入式（6.18），并结合式（6.19）~ 式（6.21）对其进行化简，消去 $\boldsymbol{E}$ 和 $\boldsymbol{J}$ 后可以得到磁场 $\boldsymbol{B}$ 的控制方程为

$$\frac{\partial \boldsymbol{B}}{\partial t} = \frac{1}{\mu_0 \sigma} \nabla^2 \boldsymbol{B} + \nabla \times (\boldsymbol{u} \times \boldsymbol{B}) \tag{6.23}$$

式（6.23）即为 MHD 数值模拟中最常用的磁场控制方程形式[60,68]。需要指出的是，若对该方程进行数值求解，则由离散和降阶退化带来的计算误差会造成磁场散度不为零的问题。因此一般会对磁场方程组的形式进行改造[67]，或引入相应的磁场散度清除项[59]。本书采用磁位矢量 $\boldsymbol{A}$ 代替磁通量密度矢量 $\boldsymbol{B}$ 求解磁场控制方程。磁位矢量 $\boldsymbol{A}$ 定义为

$$\boldsymbol{B} = \nabla \times \boldsymbol{A} \tag{6.24}$$

根据矢量运算法则，采用 $\boldsymbol{A}$ 计算得到的 $\boldsymbol{B}$ 自然满足磁场无源条件。相应的磁场控制方程被改写为

$$\sigma\mu_0 \frac{\partial \boldsymbol{A}}{\partial t} + \nabla \times (\nabla \times \boldsymbol{A}) = \sigma\mu_0 \boldsymbol{u} \times (\nabla \times \boldsymbol{A}) \tag{6.25}$$

区域 D_p 内部的感应电流密度 $\boldsymbol{J}_p$、洛伦兹力 $\boldsymbol{F}_{\mathrm{ltz}}$、欧姆热源 Q_{rh} 分别为

$$\boldsymbol{J}_p = -\sigma\left(\frac{\partial \boldsymbol{A}}{\partial t} + \boldsymbol{u} \times (\nabla \times \boldsymbol{A})\right) \tag{6.26}$$

$$\boldsymbol{F}_{\mathrm{ltz}} = \boldsymbol{J}_p \times (\nabla \times \boldsymbol{A}) \tag{6.27}$$

$$Q_{\mathrm{rh}} = -\boldsymbol{J}_p^2/\sigma \tag{6.28}$$

空间任意位置的电场强度 $\boldsymbol{E}$ 表示为

$$\boldsymbol{E} = -\sigma\frac{\partial \boldsymbol{A}}{\partial t} \tag{6.29}$$

金属结构域 D_{w1}、D_{w2} 的电流密度 $\boldsymbol{J}_w$ 与电场关联为

$$\boldsymbol{J}_w = -\sigma\boldsymbol{E} \tag{6.30}$$

6.1.2.3 放电回路方程

PIT 的等效集总电路模型如图 6.2 所示，线圈和气团被等效为变压器的主次级，C 为电容器的电容量，V_C 为电容器的充电电压，L_C 为线圈自感，R_0 为电路寄生电阻，L_0 为电路寄生电感，R_p 为气体阻，M 为气体与线圈之间的互感，I_C 为回路电流，I_p 为气体中的感应电流。等效集总电路模型将线圈与气体一起视作电容器的负载端，记线圈上的电势降为 V_p。

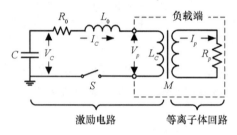

图 6.2　PIT 等效集总电路模型

放电回路的电压、电流方程表示为

$$V_C - I_C R_0 - L_0\frac{\mathrm{d}I_C}{\mathrm{d}t} - V_p = 0 \tag{6.31}$$

$$I_C + C\frac{\mathrm{d}V_C}{\mathrm{d}t} = 0 \tag{6.32}$$

6.1.2.4 线圈构型方程

参照 PIT Mark-I 的设计，其感应线圈构型如图 6.3 所示，由 36 支螺旋线形状的导线按轴对称方式并联排布而成。首先采用 COMSOL AC/DC 模块计算线圈的静磁场，再通过能量法[69-71]分析其自感随螺旋线支数的变化关系，如图 6.4 所示。计算结果表明：随螺旋线支数增大，线圈自感首先大梯度减小，随后缓慢减小并趋近于定值；当螺旋线支数大于 8 以后，整个线圈便可以等效

为如图 6.3（d）所示的一个电流密度均匀的环形电流片，其电流密度仅含角向分量，幅值可以通过螺旋线几何尺寸和电路总电流来计算。

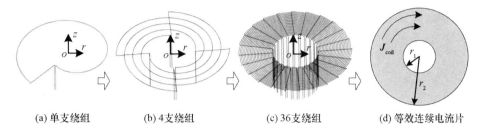

(a) 单支绕组 (b) 4 支绕组 (c) 36 支绕组 (d) 等效连续电流片

图 6.3 PIT Mark-I 所采用的感应线圈构型

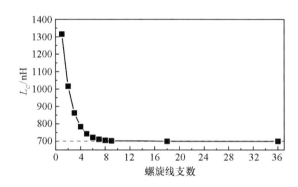

图 6.4 线圈自感 L_c 随螺旋线支数的变化曲线

PIT Mark-I 采用标准 2π 阿基米德螺旋线，其形状方程如下

$$r = r_1 + k\theta, k = \frac{r_2 - r_1}{2\pi} \tag{6.33}$$

其中，r_1 为线圈内径；r_2 为线圈外径；$r_1 \leqslant r \leqslant r_2$；$0 \leqslant \theta \leqslant 2\pi$。对于图 6.3（d）中的等效连续电流片上任意径向位置 r，螺旋线在圆周方向上的投影系数 $\cos\alpha$ 可根据图 6.5 计算

$$\cos\alpha = \frac{r\mathrm{d}\theta}{\sqrt{(\mathrm{d}r)^2 + (r\mathrm{d}\theta)^2}} = \frac{r}{\sqrt{k^2 + r^2}} \tag{6.34}$$

图 6.6 给出了由式（6.34）计算的 $\cos\alpha$ 沿半径方向的分布情况。结果表明：尽管内径处的 $\cos\alpha$ 略低于外径处，但投影系数的全域相对差异不大于 2%，反映线圈的角向电流密度在半径方向具有非常好的均匀性。

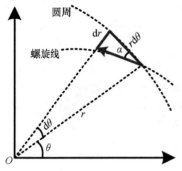

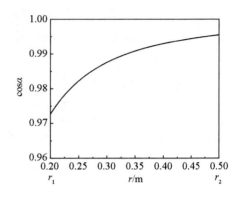

图 6.5　螺旋线的角向投影系数　　　　图 6.6　投影系数随半径变化关系

记线圈导线直径为 δ_c，则感应线圈域 D_c 的厚度同样为 δ_c；电路总电流 I_c 在计算域 D_c 内部产生的角向电流密度 j_{coil} 为

$$j_{\text{coil}} = \frac{I_C}{\delta_c (r_2 - r_1)} \cdot \frac{r}{\sqrt{k^2 + r^2}} \tag{6.35}$$

感应线圈端口上的电势降 V_p 等于角向电场强度 E_θ 沿螺旋线的积分

$$V_p = \int_0^{2\pi} E_\theta(r) r \mathrm{d}\theta \tag{6.36}$$

变换式（6.33）得到

$$\theta = \frac{r}{k} - \frac{r_1}{k} \tag{6.37}$$

将式（6.37）代入式（6.36）可得

$$V_p = \int_{r_1}^{r_2} \frac{r}{k} E_\theta(r) \mathrm{d}r \tag{6.38}$$

通过式（6.35）和式（6.38），便能实现对线圈与气体之间双向耦合作用关系的定量计算。该方法不仅适用于平面螺旋形的感应线圈，也适用于锥形线圈、钟形线圈以及变速螺旋线线圈。

6.1.3　气体模型

6.1.3.1　平衡组分计算

在建立流场的磁流体动力学方程组时已经假设 D_p 区域的气体处于局部热力学平衡状态，即已经假定气体中的化学反应速率远大于流动、扩散、能级弛豫等过程速率，各种反应组分粒子的数密度满足质量作用定律，只需给定气体的压强 p、温度 T，便能唯一确定其平衡组分。对放电状态 Ar，考虑其 6 级电离 - 复合反应[72]

$$\text{Ar} \Leftrightarrow \text{Ar}^+ + e$$
$$\text{Ar}^+ \Leftrightarrow \text{Ar}^{2+} + e$$
$$\cdots\cdots \tag{6.39}$$
$$\text{Ar}^{5+} \Leftrightarrow \text{Ar}^{6+} + e$$

对应的平衡组分可由以下关系式解出[61]

$$p = n_e \kappa_B T + \sum_s n_s \kappa_B T \tag{6.40}$$

$$n_e = \sum_s s n_s, \quad s = 0, 1, 2, \cdots, 6 \tag{6.41}$$

$$\frac{n_s n_e}{n_{s-1}} = K_s(T) \tag{6.42}$$

其中，式（6.40）为完全气体状态方程，式中的 n_e 表示电子数密度，n_s 表示 s 组分的粒子数密度（特别地，$s = 0$ 时表示中性原子，$s > 0$ 时表示第 s 价离子），κ_B 表示玻尔兹曼常量。式（6.41）表示电中性条件。式（6.42）为各级电离组分的 Saha 平衡方程（共 6 个方程），$K_s(T)$ 为气体中生成 s 价离子的电离 - 复合平衡常数，可以表示为温度 T 的函数

$$K_s(T) = \frac{2 (2\pi m_e \kappa_B T)3/2}{h^3} \frac{\sum_l g_l^s \exp(-\varepsilon_l^s / \kappa_B T)}{\sum_l g_l^{s-1} \exp(-\varepsilon_l^{s-1} / \kappa_B T)} \tag{6.43}$$

其中，h 为普朗克常量；m_e 为电子质量；ε_l^s 为 s 组分的第 l 能级的能量值；g_l^s 为 s 组分第 l 能级的简并度（即统计权重）[73]。

将式（6.40）至式（6.42）所表示的非线性方程组的解写成列向量，记为 $\boldsymbol{X}$，则

$$\boldsymbol{X} = [n_e, n_0, n_1, n_2, n_3, n_4, n_5, n_6]^{\mathrm{T}} \tag{6.44}$$

将相应的非线性方程组表示为 $\boldsymbol{F}(\boldsymbol{X}) = 0$ 的形式，则有

$$\boldsymbol{F}(\boldsymbol{X}) = \begin{bmatrix} n_e + n_0 + n_1 + n_2 + n_3 + n_4 + n_5 + n_6 - \dfrac{p}{\kappa_B T} \\ n_e - n_1 - 2n_2 - 3n_3 - 4n_4 - 5n_5 - 6n_6 \\ n_1 n_e - n_0 K_1 \\ n_2 n_e - n_1 K_2 \\ \cdots\cdots \\ n_6 n_e - n_5 K_6 \end{bmatrix} \tag{6.45}$$

其 Jacobi 矩阵可表示为

$$\frac{\partial \boldsymbol{F}(\boldsymbol{X})}{\partial \boldsymbol{X}} = \begin{bmatrix} 1 & 1 & 1 & 1 & 1 & 1 & 1 & 1 \\ 1 & 0 & -1 & -2 & -3 & -4 & -5 & -6 \\ n_1 & -K_1 & n_e & 0 & 0 & 0 & 0 & 0 \\ n_2 & 0 & -K_2 & n_e & 0 & 0 & 0 & 0 \\ n_3 & 0 & 0 & -K_3 & n_e & 0 & 0 & 0 \\ n_4 & 0 & 0 & 0 & -K_4 & n_e & 0 & 0 \\ n_5 & 0 & 0 & 0 & 0 & -K_5 & n_e & 0 \\ n_6 & 0 & 0 & 0 & 0 & 0 & -K_6 & n_e \end{bmatrix} \quad (6.46)$$

采用 Newton 迭代法[74]计算非线性方程组（6.46）的解。

6.1.3.2　热力参数计算

需要计算的热力参数主要有密度 ρ、混合气体平均气体常量 $\bar{R}$，以及定压比热容 c_p。

（1）密度 ρ 的计算式为

$$\rho = \sum_s n_s m_i + n_e m_e \quad (6.47)$$

其中，m_i 为离子质量。

（2）混合气体平均气体常量 $\bar{R}$ 的计算式为

$$\bar{R} = \frac{p}{\rho T} \quad (6.48)$$

（3）通过比焓 h_t 计算定压比热容 c_p 为

$$c_p = \left(\frac{\partial h_t}{\partial T} \right)_p \quad (6.49)$$

根据统计热力学原理，平衡气体的热力学参数可以通过配分函数计算。Ar 为单原子分子，其等离子体 h_t 由电子、离子和原子的平动能贡献 h_{tr}，离子、原子内部电子的激发能贡献 h_{ex}，以及离子电离能贡献 h_i 三部分组成，各部分的贡献为

$$h_{tr} = \frac{1}{\rho} \left(n_e + \sum_s n_s \right) \frac{5}{2} \kappa_B T \quad (6.50)$$

$$h_{ex} = \frac{1}{\rho} \left(\sum_s n_s \frac{\partial \ln Z_{ex,s}}{\partial T} \right) \kappa_B T^2 \quad (6.51)$$

$$h_i = \frac{1}{\rho} n_s \sum_s E_s \quad (6.52)$$

式（6.51）中的 $Z_{ex,s}$ 为 s 组分粒子的内部电子激发态配分函数，可通过下式计算

$$Z_{ex,s} = \sum_l g_l^s e^{-\varepsilon_l^s/\kappa_B T} \tag{6.53}$$

式（6.52）中，E_s 表示 s 组分的电离能[63,75]。

6.1.3.3　输运参数计算

需要计算的输运参数有传热系数 k、动力黏度 μ_{vis}、电导率 σ、辐射耗散项 Q_{rad}，具体计算方法如下。

（1）传热系数 k

满足局部热力学平衡状态的部分电离气体，其离子和原子等重粒子组分对传热系数 k 的贡献相对于电子可以忽略[61]。电子传热系数 k_e 通过 Mitchner 等给出的公式计算[76]

$$k_e = 3.2 \frac{\kappa_B^2 n_e T}{m_e \sum_s \upsilon_{es}} \tag{6.54}$$

其中，υ_{es} 为电子和 s 组分的碰撞频率

$$\upsilon_{es} = n_s \Omega_{es} \sqrt{\frac{8\kappa_B T}{\pi m_e}} \tag{6.55}$$

其中，Ω_{es} 为电子和 s 组分的碰撞截面大小

$$\Omega_{es} = \frac{\pi}{4} \left(\frac{\alpha_s e^2}{4\pi\varepsilon_0 \kappa_B T} \right)^2 \ln\left[1 + \frac{144\pi^2 (\varepsilon_0 \kappa_B T)^3}{n_e e^6 \alpha^2 (\alpha+1)} \right] \tag{6.56}$$

其中，α_s 为第 s 价离子的电离度；α 为等离子体的平均电离度[77]。分别根据下式计算

$$\alpha_s = s, \quad \alpha = \frac{\sum_s n_s s}{\sum_s n_s} \tag{6.57}$$

（2）动力黏度 μ_{vis}

采用文献［61］给出的计算式计算

$$\mu_{vis} = 0.27 \frac{(4\pi\varepsilon_0)^2 \sqrt{M}(\kappa_B T)^{5/2}}{\alpha^2 e^4 \ln\Lambda} \tag{6.58}$$

其中，$\ln\Lambda$ 为库伦对数；Λ 为等离子体参数。

（3）电导率 σ

由于 D_p 区域的气体中仅存在角向电流密度分量，在计算电导率时可以将

其当作标量处理，不需要考虑因磁场导致的各向异性。同时，该气体可能处于完全电离或弱电离之间的任意电离状态，需要同时考虑长程碰撞和短程碰撞的作用，采用 Kantrowitz 等提出的电导率并联模型计算复合电导率[73]

$$\frac{1}{\sigma} = \frac{1}{\sigma_c} + \frac{1}{\sigma_w} \tag{6.59}$$

其中，σ_c 为完全电离等离子体的电导率，根据 Spitzer 给出的关联式计算 σ_c[77]

$$\sigma_c = \frac{1.65 \times 10^{-2} \times T^{2/3}}{\ln(1.23 \times 10^4 \times T^{3/2}/n_e^{1/2})} \tag{6.60}$$

σ_w 表示弱电离等离子体电导率，采用经典碰撞理论得到的关联式计算[78]

$$\sigma_w = \frac{n_e e^2}{m_e \sum_s \nu_{es}} \tag{6.61}$$

式中，e 为电子电荷量；ν_{es} 为电子和 s 组分之间进行动量交换的碰撞频率，采用文献 [78] 给出的计算式计算

$$\nu_{es} = n_s \Omega_{es} \sqrt{\frac{8\kappa_B T}{\pi m_e}} \tag{6.62}$$

（4）辐射耗散项 Q_{rad}

虽然在局部热力学平衡条件下，气体辐射温度 $T_{rad} \neq T$，但仍然可以通过 T 根据半经验公式得到气体的辐射体积冷却速率 Q_{rad}。采用 Post 等[79] 给出的计算式计算

$$Q_{rad} = n_e n_i L(T) \tag{6.63}$$

其中，辐射冷却系数 L 为 T 的函数，拟合经验式为

$$\lg L = \sum_{i=0}^{5} A_i (\lg T)^i \tag{6.64}$$

对于 Ar 等离子体，在所关注的温度范围内（$T < 20$ eV），相应的拟合系数依次为：$A_0 = -20.530\,43$，$A_1 = -2.834\,287$，$A_2 = 15.069\,02$，$A_3 = 35.171\,77$，$A_4 = 24.001\,22$，$A_5 = 5.072\,723$。特别地，T 的温度单位为 keV[79]。

上述计算中所涉及的 Ar 原子的电离能 E_s、激发态能级 ε_l^s 及简并度 g_l^s 数据，可从美国标准与技术研究院数据库（http://www.nist.gov）查得。

6.1.4 计算域的耦合与信息传递关系

数值模拟中磁场、流场、气体热力和物性参数、线圈构型、电路等不同计

算域的耦合与信息传递关系如图 6.7 所示。

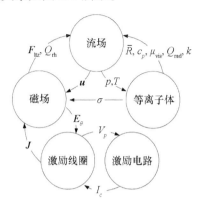

图 6.7　不同计算域的耦合与信息传递关系

对气体域 D_p，磁场、流场、气体热力和物性之间相互耦合，构成磁流体动力学求解体系。洛伦兹力项 $\boldsymbol{F}_{\mathrm{ltz}}$、欧姆热源项 Q_{rh} 以及流体宏观运动速度项 $\boldsymbol{u}$，在磁场与流场方程组之间传递信息；状态参数压强 p、温度 T，物性参数平均气体常数 $\bar{R}$、比热容 c_p，以及输运参数动力黏度 μ_{vis}、传热系数 k、辐射冷却项 Q_{rad} 等在流场与气体之间传递信息；电导率 σ 在磁场与气体之间传递信息。

角向电场强度量 E_θ 在磁场、线圈以及电路之间传递信息。根据磁场计算结果得到角向电场 E_θ 分布，结合线圈几何构型，计算线圈端口上的电势降 V_p，再将 V_p 代入电路的电压、电流方程，计算得到回路总电流；结合线圈几何构型，计算感应线圈域 D_c 中的等效电流密度。

6.1.5　边界条件

由于对磁场的计算在所有气体域同步进行，各气体域之间不存在磁场边界问题。在流动及传热边界条件的设置方面，气体域 D_p 的上边界采用跨声速流动出口边界条件和绝热边界条件，D_p 的其他边界采用无滑移边界条件和绝热边界条件[80-81]。其中，跨声速流动出口边界条件、绝热边界条件和无滑移边界条件分别为

$$\begin{cases} -p\boldsymbol{I} + \boldsymbol{\tau}\boldsymbol{n} = -0.5\,(p + p_{0,\mathrm{stat}})\boldsymbol{n}, \ Ma < 1 \\ -p\boldsymbol{I} + \boldsymbol{\tau}\boldsymbol{n} = -p\boldsymbol{I}\boldsymbol{n}, \ Ma \geqslant 1 \end{cases} \tag{6.65}$$

$$-\boldsymbol{n} \cdot \boldsymbol{q} = 0 \tag{6.66}$$

$$u = 0 \qquad\qquad (6.67)$$

其中，I 为单位向量；τ 为应变张量；n 为对应表面的法相向量；q 为热流密度向量；Ma 为马赫数。

6.2　求解方法

采用商用软件 COMSOL Multiphysics[82] 求解数学物理模型的方程。其中，流场方程组由"高马赫数流动模块"计算，磁场方程组由"AC/DC 模块计算"，放电回路方程组由"电路模块"计算。

如图 6.8 所示，采用混合网格方法对计算域进行网格划分，其中气体域 D_p、感应线圈域 D_c 及无限元域 D_i 均采用结构网格；其他区域采用非结构网格。在靠近感应线圈表面及加速通道壁面处对网格进行加密，网格尺度不大于对应频率下的等离子体趋肤深度的十分之一。

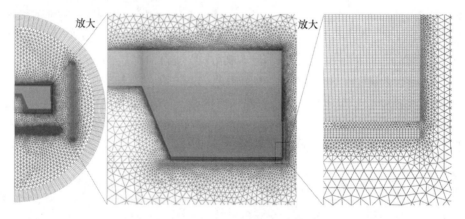

图 6.8　计算域网格划分（见彩插）

气体组分和物性参数采用 Matlab 语言编写的程序计算，同时以 Matlab 作为控制台协调 COMSOL 与气体模型计算程序之间的数据交换，实现对模型整体的耦合求解。

在具体算法上，流场、磁场、放电回路的求解变量通过有限元方法离散后，被装配为同一个矩阵，采用隐式时间步长法进行计算；计算完成后输出流场状态参数至气体模型，更新流场和磁场中的物性参数，完成一个求解时间步长。

6.3 模型和求解方法验证

6.3.1 输入参数和初始条件

选择 PIT Mark-I 作为模拟对象,计算其磁场时空分布、气团中电流密度时空分布、推力器推力 – 时间曲线及其性能和电路电流等,将计算结果与文献报告的实验测试数据做对比分析,以二者符合度检验模型与求解方法的有效性。

PIT Mark-I 工作过程数值模拟输入参数如表 6.1 所示。如未给出特殊说明,均假设气团感应放电前的密度 ρ 分布为径向均匀、轴向指数衰减的形式

$$\rho = A \cdot e^{-z/\chi} ; \quad A = \frac{m_{\text{bit}}}{\iiint_{D_p} e^{-z/\chi} \mathrm{d}V} \tag{6.68}$$

其中,气体分布系数 χ 越小,气体向线圈表面的压缩程度越高; D_p 内的气体总质量等于 m_{bit}。

表 6.1 PIT Mark-I 工作过程数值模拟输入参数

参数	取值
脉冲气体质量 m_{bit}/mg	15 ~ 26
电容器充电电压 V_0/kV	16 ~ 24
寄生电阻 R_0/mΩ	7
寄生电感 L_0/nH	80
电容量 C/μF	20

6.3.2 磁场时空分布

文献 [17] 给出了采用 B-dot 探针测量的 PIT Mark-I 工作过程中的磁场时空分布,对应工作参数为 $m_{\text{bit}} = 15$ mg, $V_0 = 22$ kV。

图 6.9 给出了不同时刻、线圈内外径中线处的径向磁感应强度 B_r 沿轴向位置 z 分布的模拟结果与文献 [17] 实验数据对比。可见,模拟结果中不同时

刻的 B_r 沿轴向分布的情况在趋势和幅值上均与探针测量结果一致性较好。$t =$ 2 μs 时，B_r 沿 z 方向衰减梯度很大，表明线圈附近气团中生成了电流层，对线圈磁场起到一定屏蔽作用；$t = 6$ μs 时，B_r 在 $z \leqslant 6$ cm 时梯度很小，在 $z > 6$ cm 之后沿 z 方向衰减梯度陡增，表明感生电流层已运动至 $z = 0.6$ cm 附近。以上结果表明，模型计算结果成功模拟了电流片对感应线圈磁场的屏蔽作用。

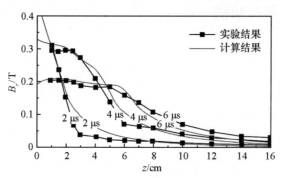

图 6.9　线圈内外径中线处径向磁感应强度 B_r 沿轴向分布及随时间演化结果

6.3.3　气团中电流密度时空分布

文献［19］给出了采用微型 Rogwosky 线圈测量气团中的电流密度分布结果，对应工作参数同样为 $m_{\text{bit}} = 15$ mg，$V_0 = 22$ kV。

图 6.10 给出了不同时刻、线圈内外径中线处的角向电流密度 j_θ 沿轴向分布的模拟结果与文献［19］实测数据对比，表明模型成功模拟了电流片的运动及幅值特征。

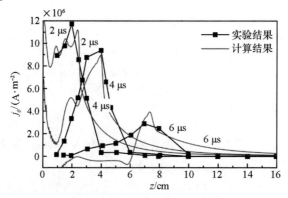

图 6.10　线圈内外径中线处角向电流密度 j_θ 沿轴向分布及随时间演化结果

6.3.4 推力器推力 – 时间曲线

文献［17］忽略气动力的贡献，认为推力 F_t 主要由洛伦兹力产生，根据探针测量得到的 B_r 及 j_θ 分布数据，计算得到轴向洛伦兹力密度 $j_\theta B_r$ 的分布，再对 $j_\theta B_r$ 在整个加速通道内积分得到推力。

基于数值模拟结果，采用同样方法给出推力 – 时间曲线，如图 6.11 所示，对应的工作参数为 $m_{bit} = 15$ mg，$V_0 = 20$ kV。与文献［17］给出的推力 – 时间曲线作对比，可见模拟结果在幅值大小和变化趋势上与实验数据一致性均较好，但模拟结果给出的整体波形在时间上存在约 1 μs 延迟。本书作者认为造成这一偏差的原因主要在于：实验中触发信号的发出与气团放电零时刻之间、气团放电零时刻与测量到推力产生时刻之间，都存在不确定的延迟；上述延迟在数值模拟结果中均不存在。

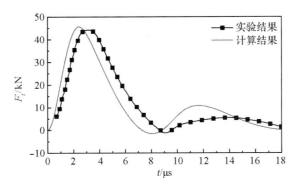

图 6.11　推力 – 时间曲线对比

6.3.5 推力器性能

对推力 – 时间曲线在时间段 $0 \sim 30$ μs 上积分得到推力器的单脉冲冲量 I_{bit}，进而计算出以秒为单位的比冲 I_{sp}、效率 η。I_{sp} 和 η 的计算式如下

$$I_{sp} = \frac{I_{bit}}{m_{bit}g} \ , \eta = \frac{I_{bit}^2}{m_{bit}CV_0^2} \tag{6.69}$$

模拟所得 I_{bit} 与文献［19］给出的实验测量数据对比如表 6.2 所示。

表 6.2　不同工作参数下的推力器单脉冲冲量

m_{bit}/mg	V_0/kV	$I_{bit}/(N \cdot s)$	
		实验	计算
15	24	0.221	0.224
15	26	0.236	0.253
18	18	0.165	0.150
18	24	0.228	0.231
18	26	0.260	0.258
20	24	0.240	0.233
23	24	0.263	0.240
26	16	0.140	0.124
26	18	0.185	0.151
26	20	0.208	0.181
26	22	0.246	0.206
26	24	0.264	0.245
26	26	0.292	0.274

　　根据模拟所得 I_{bit} 计算的 I_{sp}、η 与文献 [19] 实验数据的对比如图 6.12 所示。由图表可见，在气团质量和电容器充电电压的组合范围内，模型预测推力器的比冲、效率与实验测量结果一致性较好。

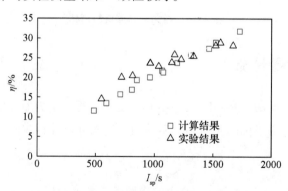

图 6.12　推力器比冲 - 效率特性

　脉冲感应推力器技术

6.3.6　电路电流

电路放电电流 I_c 随时间变化曲线反映耦合气体负载后的电路状态，是验证模型双向耦合相关算法的重要依据。但遗憾的是，PIT Mark-I 的相关研究文献均未给出电路放电电流曲线 I_c 的实验测量数据。这里针对本书第 4 章所介绍的实验装置进行数值模拟，气体喷注方式为稳态供气，对应的工作参数为 p_0 = 20 Pa，V_0 = 13.2 kV。

实验测量的电路放电电流 I_c 曲线及模拟结果对比如图 6.13 所示，可见二者在幅值大小和变化趋势上一致性较好，反映模型较好地描述了耦合气体负载后的感应电路放电特性。

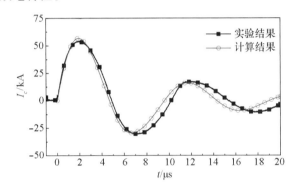

图 6.13　模拟与实测的电路电流－时间曲线

6.4　单脉冲工作过程分析

由表 6.2 和图 6.12 可知，PIT Mark-I 在工作参数为 m_{bit} = 15 mg 和 V_0 = 24 kV 时能达到较高的推进性能，对应的比冲可达 1700 s，效率不低于 30%。下面针对这一工况对 PIT 的单脉冲工作过程进行细致模拟，获取感应电路电流及对应的流场、磁场、气体物性等的时空分布图景。

6.4.1　电流曲线

图 6.14 给出了模拟所得感应电路电流 I_c 和气体中感生电流 I_p 随时间变化情况，由于 I_c 与 I_p 在放电过程的绝大部分时间均方向相反，为方便对比分析，图中给出了 I_p 的镜像 $-I_p$。结果表明，在放电初始阶段 I_c 与 $-I_p$ 几乎完全重合；随气团逐渐加速远离线圈，I_c 与 $-I_p$ 逐渐分离，其幅值差异在 $t = 4$ μs 附近达到最大。

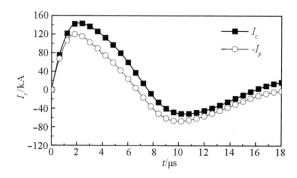

图 6.14　感应电路电流与气体中感生电流的时间变化曲线

6.4.2　磁场与感生电流分布

图 6.15 给出了径向磁通密度 B_r 和角向电流密度 j_θ 分布的时域演化。由图 6.15 所示 j_θ 分布可知：在 $t = 1$ μs 时刻，紧贴感应线圈表面形成了一个致密、平整的电流片；这个电流片在 $t = 4$ μs 时刻已经脱离线圈表面并不断向前加速；在 $t = 8$ μs 时刻，线圈表面开始生成一个与主电流片异号的次生电流片，随后在 $t = 12$ μs 时刻也脱离线圈表面，次生电流片的平整及致密程度均低于主电流片。对比相应的 B_r 分布可以发现，一旦生成电流片，线圈磁场就被阻塞在电流片与线圈之间的区域，电流片两侧的磁压差推动电流片向前加速；随电流片逐渐远离线圈，磁场阻塞效果逐渐减弱，电流片演变为两侧滞后的弓形；当次生电流片建立之后，线圈磁场又被阻塞在线圈与次生电流片之间，导致主电流片与线圈解耦。

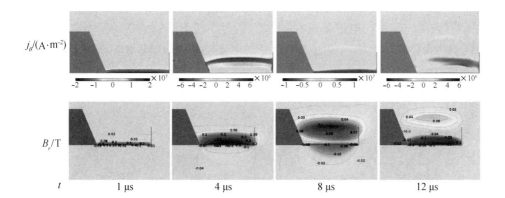

图 6.15　径向磁通密度与气团中角向电流密度分布的时域演化（见彩插）

图 6.16 给出了气团密度 ρ、轴向速度 w 分布的时域演化。由图 6.16 所示 ρ 分布可知：在 $t = 1$ μs 时刻伴随电流片的生成，流场中出现了一个与电流片相似的"质量片"结构，这一"质量片"伴随电流片的轴向运动而不断累积质量，其内部的 ρ 逐渐增大，并在其后方留下几乎真空的区域；在 $t = 8$ μs 时刻产生次生电流片之后，因主电流片与感应线圈解耦，其两侧磁压差对电流片的压缩作用减弱，主电流片的 ρ 又开始逐渐减小；在 $t = 8$ μs 时刻，次生电流片对应的位置出现了少量的质量堆积现象，表明次生电流片对主电流片后方的残余气体起到一定加速作用。由 w 分布可知：电流片的中心区域速度较大，两侧因与壁面的黏性力作用而速度较小；特别地，在 $t = 8$ μs 时刻，主电流片后方出现了速度为负的区域。这一现象可以通过图 6.14 给出的电路电流波形

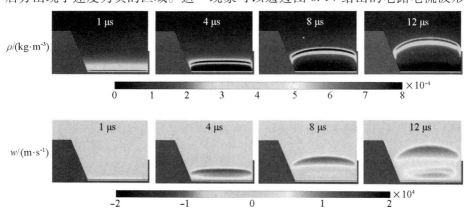

图 6.16　气团密度和轴向速度分布的时域演化（见彩插）

解释：在 $t=7$ μs（I_c 过零点附近）前后的 1 μs 时间区间，I_c 与 I_p 经历了短暂的同号阶段，线圈与电流片之间的洛伦兹力表现为吸引力，将部分气体"拉回"，从而出现了速度为负的区域。这部分被拉回线圈附近的气体为次生电流片提供了电离"原料"；到二者之间的洛伦兹力再次转变为斥力之后，又被重新压缩和加速。

图 6.17 给出了气团电子数密度和温度分布的时域演化。在 t 为 1~8 μs 期间，电流片后方的 n_e 比电流片区域低了数个量级，这一区域的电导率远低于电流片区域，因此线圈磁场得以穿过这一区域持续作用在主电流片上；$t=12$ μs 时，对应次生电流片位置出现了局部高 n_e 的区域，部分屏蔽了作用于主电流片的线圈磁场。由于线圈附近的磁场能量密度始终保持在较高水平，且工质密度较低，这一区域的温度 T 始终处于较高水平。

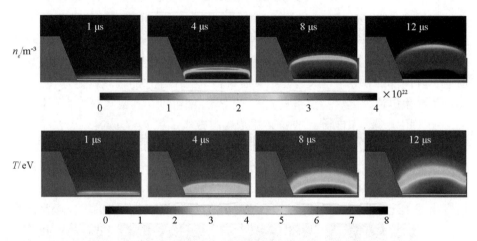

图 6.17 气团电子数密度和温度分布的时域演化（见彩插）

图 6.18 给出了不同时刻各电离组分的粒子数密度在线圈内外径中线上沿轴向位置的分布情况。由图可知，在整个放电过程中，电流片中的电子数密度 n_e 在 10^{22} 量级；特别地，在放电初期 $t=1$ μs 时刻，n_e 主要由 Ar^+、Ar^{2+} 和 Ar^{3+} 的生成反应提供；在放电中期 $t=4$ μs 时刻 n_e 升高至放电初期 3 倍以上，主要离子组分仍然是 Ar^+、Ar^{2+} 和 Ar^{3+}，这一时刻在电流片后方出现了一个 n_e 极低的区域；伴随放电的发展，在 $t=8$ μs 时刻，电流片中的 n_e 开始下降，电流片尾部的 n_e 则开始上升，电流片的致密程度开始减弱；在 $t=12$ μs 时刻，主电流片的后方出现一个局部高 n_e 区域，对应图 6.17 中的次生电流片区域，次生电流片中总的重粒子数密度较低，n_e 主要由高价离子 Ar^{5+}、Ar^{6+} 的生成反

应提供。

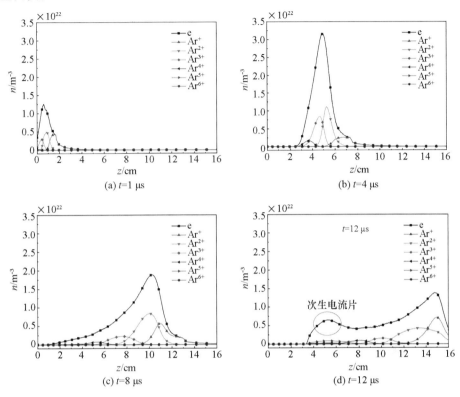

图 6.18　不同时刻电离组分的粒子密度沿轴向分布情况

6.4.3　电路–气团双向耦合现象

当真空模拟腔内的气体压强 p_0 大于或者小于特定阈值时，都不能产生线圈与气团通过电磁场耦合的现象。此时，电路中的电流波形仅体现感应电路自身的 RLC 特性，这一放电状态被定义为空载放电状态。与之对应，当气团被击穿并建立起感生电流片时，其相当于图 6.2 所示变压器等效模型中的次级回路，这一放电状态被定义为负载放电状态。

通过设置气体域 D_p 的电导率为 0，可得到 PIT 空载放电状态下的 I_c 曲线。图 6.19 对比了空载、负载两种放电状态下的 I_c 曲线，可见负载状态的电路阻尼比显著增大，同时其电流峰值变大，振荡周期变短。

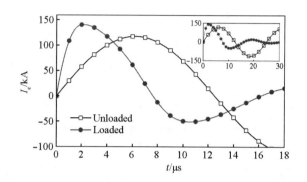

图 6.19　模拟的空载与负载放电状态电流波形对比

根据气团和感应线圈中的电流密度分布，采用电流元素线方法[83]计算二者的互感 M；根据整个气体域 D_p 内的阻性耗散功率计算放电气团的总电阻

$$R_p = \frac{\iiint_{D_p} \dfrac{j_p^2}{\sigma} \mathrm{d}V}{I_p^2} \tag{6.70}$$

线圈–气团互感 M 及气团总电阻 R_p 随时间变化曲线如图 6.20 所示，表明放电初始时刻互感 M 最大，几乎等于线圈自感（$L_C = 700$ nH），因此图 6.14 中放电初始阶段 I_c 与 $-I_p$ 几乎完全重合；随着感生电流片被逐渐加速远离线圈表面，互感 M 逐渐减小，因此 I_c 与 $-I_p$ 差异增大；随后次生电流片产生，互感 M 的量值再增大，并随次生电流片的加速远离而再次减小。R_p 则随 I_p 的增大而减小，随 I_p 的减小而增大，最小量值约 50 mΩ。

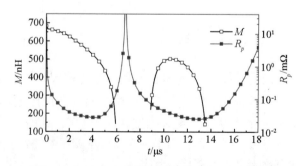

图 6.20　线圈–气团互感 M 及气团总电阻 R_p 随时间变化曲线

在 PIT 研究历史上曾经尝试过在电容器上串联一个钳位二极管的方案，期望抑制电路反向电流并避免次生电流片的产生，但结果表明对提高推进性能没有积极贡献[20]。从本书的模拟结果来看，如果在主电流片的加速过程与感应

电路放电过程能较好地满足"动态匹配"关系，I_c反向时主电流片已经运动至解耦距离，此时产生的次生电流片虽然屏蔽了线圈磁场，但并不会对主电流片的加速效果产生较大影响。此外，产生的次生电流片实际上还会对残余推进剂进行加速，从而提升推力器的性能水平。

6.4.4　气动与电磁推力贡献对比

理论上 PIT 的推力由洛伦兹力 F_{ltz} 和气动力 F_g 两部分构成。其中，F_{ltz} 通过对感应线圈域 D_c 内的轴向洛伦兹力密度项 $j_\theta B_r$ 在 D_c 上进行体积分得到；F_g 通过对气体压强 p 在线圈表面进行面积分得到。

图 6.21 为推力不同机制分量及其随时间变化曲线，表明 F_g 相对于 F_{ltz} 几乎可以忽略；推力器的单脉冲冲量主要在 t 为 0～6 μs 期间产生，对应 I_c 的前半个周期，占单脉冲总冲量的比例约 80%；在 $t=7$ μs 附近 I_c 与 I_p 同号期间，F_{ltz} 为负；在 $t=8$ μs 之后对次生电流片产生加速作用，贡献了总冲量的约 20%；$t=16$ μs 之后，F_{ltz} 趋近于零，线圈对气团不再产生有效加速作用。

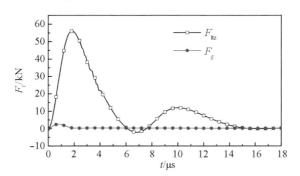

图 6.21　模拟的推力不同机制分量及其随时间变化曲线

6.4.5　推力器中的能量沉积过程

图 6.22 给出了模拟的推力器系统内各种形式能量随时间变化的曲线。其中，E_0 表示最初存储在电容器中的能量；E_c 表示电容器内的实时储能；E_m 表示空间中的磁场总能量，等于磁能密度（$B^2/2\mu$）在所有计算域的体积分；E_{R_0} 表示电路寄生电阻 R_0 上的阻性耗散能量损失；E_p 表示气团的总能量，包括内能 $E_{p,i}$、宏观动能 $E_{p,k}$ 两部分；以 E_t 表示 E_c、E_p 与 E_m 之和。由图可知，电

容器放电过程中 E_C 与 E_m 呈现反相振荡特征，二者之和持续减小，而气团总能量 E_p 单调增大。其中，推力主要贡献者 $E_{p,k}$ 的增长主要发生在第一个半周期 t 为 $0 \sim 6\ \mu s$ 期间，表明气团的加速主要在这一阶段。此外，由于电阻 R_0 的存在，E_t 会随放电的进行而持续减少。通过减小回路寄生电阻、缩短放电过程时间能有效减少阻性耗散能量损失。

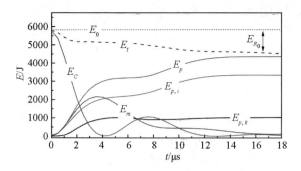

图 6.22 模拟的各种形式能量随时间变化曲线

PIT 的推力几乎全部由电磁作用机制产生，气动作用机制对推力的贡献几乎为零；而能量沉积过程的模拟结果表明，大量能量转化为推进剂气体的内能 $E_{p,i}$。由于 PIT 对电磁场位型的特殊要求，难以设计类似拉瓦尔喷管的结构将气体内能转化为气动推力，这是 PIT 效率提升的瓶颈之一。

6.5 推力器性能影响因素分析

已经知道 PIT 的性能既受到 m_{bit}、V_0 等工作参数的影响，也受到推进剂气体初始密度分布、推力器具体结构参数的影响。本节利用所发展的数值模拟手段，讨论以上因素对推力器性能的影响规律。

6.5.1 工作参数的影响

图 6.23 给出了 $V_0 = 24\ kV$ 和 m_{bit} 为 $15 \sim 26\ mg$ 的 PIT 性能，表明在固定 V_0 的条件下，单脉冲冲量 I_{bit} 随 m_{bit} 的增大而增大，但比冲 I_{sp} 和效率 η 均随 m_{bit} 的增大而减小。图 6.24 给出了 $m_{bit} = 15\ mg$ 和 V_0 为 $14 \sim 26\ kV$ 的 PIT 性能，表明在固定 m_{bit} 的条件下，I_{bit}、I_{sp} 和 η 和均随 V_0 的增大而增大。

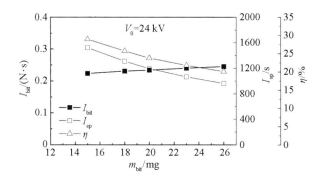

图 6.23　电压一定时 PIT 性能随气团质量变化

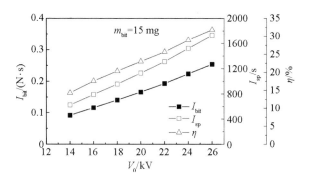

图 6.24　气团质量一定时 PIT 性能随电压变化

定义放电比能量 $\varepsilon_0 = E_0 / m_{bit}$，可以得到 I_{sp} 和 η 随 ε_0 变化的情况如图 6.25 所示，表明 I_{sp} 和 η 均随 ε_0 的增大而呈现出线性递增的趋势。进一步地，固定 $\varepsilon_0 = 250$ J/mg 不变，采用不同的 m_{bit} 和 V_0 组合，得到推力器性能随 V_0 变化的情况如图 6.26 所示，对应的 m_{bit} 也被绘制在图中，表明此时 I_{sp} 和 η 变化较小，且在较低 V_0 下略大。

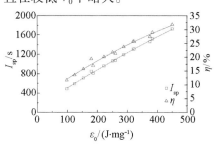

图 6.25　PIT 性能随比能量变化

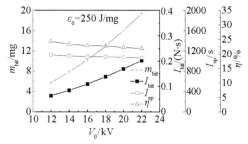

图 6.26　比能量一定时 PIT 性能变化

以上模拟结果表明，通过合理地搭配工作参数组合使推力器 ε_0 达到较高水平，在较低放电能量下也能获得与较高放电能量相当甚至更高的推进性能。这一结果与实验研究中获得的关于 PIT 性能变化规律的认识存在矛盾，可能归因于模型的不完善。

进一步分析认为，这是由所采用的模型不包含初始击穿对电压及气团质量的依赖所致。模型假设在放电初始时刻即有工质处于弱电离状态，这个弱电离状态与电压及气团质量无关。而在实际的 PIT 中，击穿过程由初始感应电场强度 E_0 决定，在较低放电能量水平下，由于 E_0 较低会造成工质的初始电离不充分，推力器性能下降。

尽管如此，从模拟结果仍然可以得到改进 PIT 设计的一些有益思路，比如先采用某种高效率的电离手段对推进剂进行预电离，再搭配合适的工作参数以达到足够高的 ε_0，就可以在较低 E_0 和 V_0 下获得可观的推力器性能，从而降低电绝缘难度，实现高性能 PIT 的小型化。

6.5.2 初始气体分布的影响

前述所有算例，均采用式（6.68）给出的径向均匀、轴向指数衰减的初始气体密度分布，而在实际的 PIT 中，由于所采用的喷注器构型不同，初始气体密度分布也有所不同。根据文献报告，PIT Mark-I 在 1982 年曾采用如图 6.27（a）所示的单层喷嘴喷注器，在 1987 年又改用如图 6.27（b）所示的双层喷嘴喷注器。文献［17］和文献［19］分别给出了采用上述两种结构的喷注器在感应电路导通瞬间对应的初始气体密度 ρ 分布等值线图。本书作者

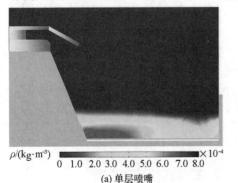

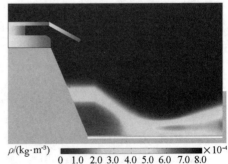

(a) 单层喷嘴　　　　　　　　　　　　　　(b) 双层喷嘴

图 6.27　不同推进剂供给方式对应的初始气体密度分布（见彩插）

采用二次插值的方法将等值线图转绘为图 6.27 中所示的气体密度分布云图，再通过等比例放大的方法控制其总的脉冲气体质量 m_{bit}，以此作为数值模拟的初始条件。保持工作参数 $m_{bit} = 20$ mg 和 $V_0 = 24$ kV 不变，计算得到的推力器单脉冲冲量 I_{bit} 分别为 0.229 N·s 和 0.232 N·s；相同工作参数下，采用式（6.68）得到的初始气体密度 ρ 分布计算出单脉冲冲量 I_{bit} 为 0.233 N·s。可见模拟结果验证了改善气体工质分布的径向均匀性有助于提升推力器性能。

图 6.28 给出了两种气体喷注方式下，$t = 5$ μs 时刻对应的气团密度 ρ 及径向磁通密度 B_r 分布的模拟结果（以等值线表示，单位为 T）。由图可知，由于初期气体密度分布不均匀，所生成的电流片出现不同程度的"凹陷"和"隆起"，由此带来明显的线圈磁通泄漏，损害其与线圈的耦合作用，最终导致推力器性能降低。值得注意的是，这两种气体喷注方式实际上已经获得了与均匀分布相当接近的推力器性能。

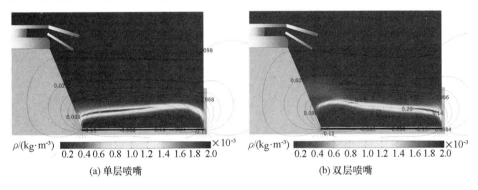

(a) 单层喷嘴   (b) 双层喷嘴

图 6.28　不同推进剂喷注方式下 $t = 5$ μs 时刻的电流片结构（见彩插）

初始气体密度轴向非均匀性对推进器性能的影响，可通过调整式（6.68）中的气体分布系数 χ 进行研究。固定工作参数 $m_{bit} = 20$ mg 和 $V_0 = 24$ kV 不变，模拟得到的推力器单脉冲冲量 I_{bit} 如图 6.29 所示。可见 I_{bit} 会随着推进剂向工质表面压缩程度的减弱而减小；特别地，在 χ 小于线圈解耦距离 $z_0 = 12$ cm 时，I_{bit} 的变化程度相对较小。因此，对于实际的推力器设计，只有在放电起始时刻前将大部分推进剂气体约束在感应线圈的解耦距离范围内才能获得较好的推力器性能。

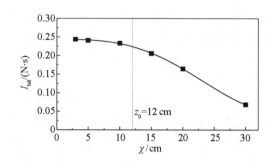

图6.29　推力器单脉冲冲量随气体分布系数变化情况

6.5.3　金属结构的影响

　　PIT装置中包含各种金属部件，它们会与感应线圈及感生电流片产生的电磁场发生相互作用，会对气团的加速过程造成影响。以图6.30（a）为例，PIT Mark-VI上用于安装电容器及开关等元器件并提供公共地的共地板，以及支撑气体阀和喷嘴的锥形喷注塔架均采用铝合金材料制作。除推力器本身的金属结构影响以外，图6.30（b）为PIT Mark-Va在地面真空模拟舱壁中的安装状态，由于感应线圈直径较大，相对较小的真空舱金属壁面也会与线圈及感生电流片发生电磁相互作用而干扰实验数据。

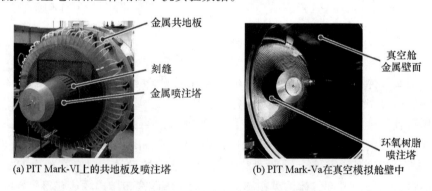

(a) PIT Mark-VI上的共地板及喷注塔　　　　(b) PIT Mark-Va在真空模拟舱壁中

图6.30　PIT结构及实验设备中的金属部件

　　金属喷注塔的影响可以通过开槽、刻缝（见图6.30（a））或换用如环氧树脂这类非金属材料（见图6.30（b））得到有效消除。而共地板由于还对电容器、开关以及各类元器件起到电磁防护的作用，其负面影响一般通过增大其与感应线圈的间隔距离来减小。然而，增大间隔距离意味着增大传输线的长度，会导致寄生电感 L_0 显著增大，根据 "Lovberg 准则"，这对于推力器性能提升显然是不利的。真空舱壁面产生的影响可以通过换用更大直径的真空舱来减弱。综上，有必要对共地板及真空舱壁对 PIT 性能的影响进行专门研究。

本书建立的数值模型对磁场的计算范围已经包含感应线圈、放电气团及其周围的真空环境，使用该模型能够分析共地板及真空舱壁的影响。如图 6.1 所示，共地板、真空舱壁被作为 D_{w1}、D_{w2} 两个狭长形的矩形区域处理，其电导率 σ 取 1.7×10^6 S/m。定义 δz 为金属壁面与线圈的间隔距离，对共地板取其上表面与线圈下表面的距离，对真空模拟舱壁取其内表面与线圈外径位置的距离。对共地板及真空模拟舱壁在 δz 不同取值下开展模拟，推力器工作参数为 $m_{bit} = 20$ mg 和 $V_0 = 24$ kV。

图 6.31 给出了 $\delta z = 3$ cm 时，共地板与气团中的感生电流密度 j_θ 及径向磁感应强度 B_r 在 $t = 3$ μs 时刻的分布情况，表明共地板中感生了比气团中更大的 j_θ，对线圈磁场造成较大影响，导致放电气团在一定程度上被 "短路"。图 6.32 给出了 $\delta z = 3$ cm 时，$t = 4$ μs 时刻真空模拟舱壁与气团中的 j_θ 及 B_r 的分布情况，表明真空舱壁中同样感生了比气团中更大幅值的 j_θ，但真空模拟舱壁对 B_r 的影响要小很多。

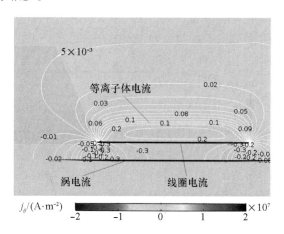

图 6.31　共地板与气团中的电流密度 j_θ 分布及径向磁感应强度 B_r 等值线图（见彩插）

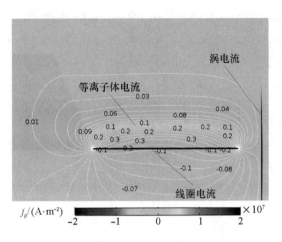

图 6.32　真空模拟舱壁与气团中的电流密度 j_θ 分布及径向磁感应
强度 B_r 等值线图（见彩插）

图 6.33 给出了模拟所得 I_{bit} 随 δz 变化情况，表明 I_{bit} 会随 δz 的减小而降低。δz 较小时，共地板会对推力器性能造成较大影响，而真空舱壁的影响则要小得多；当 δz 大于两倍的线圈－气团解耦距离 $z_0 = 24$ cm，共地板和真空舱壁的影响均可以忽略不计。

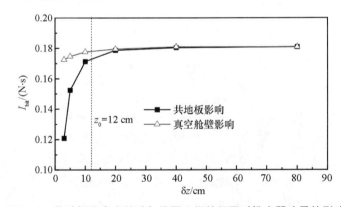

图 6.33　共地板及真空舱壁与线圈之间的间隔对推力器冲量的影响

6.6　数值模拟的结论

一是在感应电路放电电流的过零点位置附近会产生次生电流片，次生电流片能对残余工质进行有效加速，其对 PIT 单脉冲冲量的贡献不能忽略，因此在推力器设计中应使感应电路工作在振荡模式。

二是调整脉冲气体质量 m_{bit} 达到相同的比能量 ε_0 水平，可使 PIT 在较宽的脉冲能量 E_0 范围内获得相近的比冲 I_{sp} 和效率 η。

三是放电前向感应线圈表面压缩推进剂以及提高推进剂在线圈表面分布的径向均匀性，有利于提升 PIT 性能。

四是与感应线圈同轴布置的金属共地板在二者间隔较小时会发生电磁耦合，显著降低气团的加速效果及 PIT 性能。

五是假设气团放电前就存在相当密度的自由电子而不考虑放电初始时刻的气体击穿过程，这将使数值模型对较低电压下 PIT 工作过程的模拟结果存在较大失真。

第 7 章　PIT 发展展望

随着人类太空活动的拓展，地–月、地–火往返运输任务对高性能推进系统提出了更高需求。电火箭推进系统相对于传统化学推进系统具有高比冲的显著优势，能够极大地减少推进剂需求量，在大速度增量的任务中具有巨大优势。近年来，太空大功率太阳能发电、太空核反应堆发电等技术的进步，使得大功率电火箭推进系统的发展具备了能源和电力技术基础。

PIT 技术具备大推力密度、高比冲、高效率等性能优势，但实现工程应用前还需要在器件技术和推进剂选用方面取得若干突破，主要有如下三方面。

一是要实现大功率、高电压储能与开关器件的长寿命、高可靠。在寿命期内，PIT 需要重复充放电数千万次以上，但当前电容器的充放电寿命与储能密度尚未达到应用需求；脉冲开关的稳定性、寿命也无法满足需求。

二是要实现脉冲气体喷注的长寿命、高可靠。目前，以高速脉冲气体阀为核心的脉冲气体喷注器在寿命上仅能满足实验需求，远不能满足深空探索任务所要求的数千万次以上可靠重复开关性能。因此，需要探索新型低耗能、长寿命脉冲气体喷注技术。

三是要开发可在深空运输中原位补给推进剂的 PIT。国外相关研究表明，PIT 采用 NH_3、CH_4 等多原子分子气体作为推进剂能够获得比单原子分子更高的性能。对以该类气体作推进剂的 PIT 进行研究，利于发挥其在深空探索和开发任务中的应用优势。

参考文献

［1］ 程谋森，李小康，王墨戈.电火箭推进基础［M］.北京：科学出版社，2017.

［2］ 于达仁，刘辉，丁永杰，等.空间电推进原理［M］.哈尔滨：哈尔滨工业大学出版社，2014.

［3］ JAHN R G. Physics of electric propulsion［M］. New York：McGraw-Hill Book Company，1968.

［4］ CHOUEIRI E Y. A critical history of electric propulsion：the first 50 years（1906－1956）［J］.Journal of Propulsion and Power，2004，20（2）：193－203.

［5］ JAHN R G，CHOUEIRI E Y. Electric propulsion［J］. Encyclopedia of Physical Science and Technology，2002，5：125－141.

［6］ GILLAND J，FIEHLER D，LYONS V J. Electric propulsion concepts enabled by high power systems for space exploration［C］//2nd International Energy Conversion Engineering Conference，2004.

［7］ FRISBEE R H，MIKELLIDES I G. The nuclear-electric pulsed inductive thruster（NuPIT）：mission analysis for Prometheus［C］//41st AIAA/ASME/SAE/ASEE Joint Propulsion Conference and Exhibit，2005.

［8］ MIKE M，LES J，BRYAN P，et al. In-space propulsion systems roadmap［R］. Washington：NASA，2012：2－11.

［9］ POLZIN K A. Comprehensive review of planar pulsed inductive plasma thruster：research and technology［J］. Journal of Propulsion and Power，2011：27（3）：513－531.

［10］ DAILEYC L . Plasma properties in an inductive pulsed accelerator［C］//6th AIAA/Northwestern University Biennial Gas Dynamics Symposium，Evanston，Illinois，1965.

［11］ LOVBERGR H. Investigation of current-sheet microstructure［J］. AIAA

Journal, 1966, 4(7): 1215 – 1222.

[12] DAILEYC L. Investigation of plasma rotation in a pulsed inductive accelerator [J]. AIAA Journal, 1969, 7(1): 13 – 19.

[13] DAILEYC L. Pulsed electromagnetic thruster [R]. Redondo Beach, CA: TRW Systems Group, 1971.

[14] DAILEYC L, LOVBERG R H. Current sheet structure in an inductive-impulsive plasma accelerator [J]. AIAA Journal, 1972, 10(2): 125.

[15] DAILEYC L, DAVISH A. Pulsed plasma propulsion technology [R]. Redondo Beach, CA: TRW Systems Group, 1973.

[16] DAILEYC L, LOVBERG R H. Large diameter inductive plasma thruster [C]// Princeton/AIAA/DGLR 14th International Electric Propulsion Conference,1979.

[17] LOVBERG R H, DAILEYC L. Large inductive thruster performance measurement [J]. AIAA Journal, 1982: 20(7): 971.

[18] DAILEYC L, LOVBERG R H. Thrust balance performance data for a one-meter pulsed inductive thruster[C]//17th JSASS/AIAA/DGLR International Electric Propulsion Conference, 1984.

[19] DAILEYC L, LOVBERG R H. Pulsed Inductive Thruster Component Technology [R]. California: TRW Space and Technology Group, 1987.

[20] DAILEYC L, LOVBERG R H, PIT clamped discharge evolution [R]. California: TRW Space and Technology Group, 1988.

[21] LOVBERG R H, DAILEYC L. PIT Mark V design [C]// AIAA/NASA/OAI Conference on Advanced SEI Technologies, 1991.

[22] DAILEYC L, LOVBERG R H. The PIT MkV pulsed inductive thruster [R]. TRW Systems Group, 1993.

[23] POYLIO J H, RUSSELL D, GOLDSTEIN W, et al. Pulsed inductive thruster: flightscale proof of concept demonstrator [C]// 40th AIAA/SAE/ASME/ASEE Joint Propulsion Conference, 2004.

[24] RUSSELL D, POYLIO J H, GOLDSTEIN W, et al. The PIT Mark VI pulsed inductive thruster [C]// Space 2004 Conference, 2004.

[25] CASSADY R J, FRISBEE R H, GILLAND J H, et al. Recent advances in nuclear electric propulsion for space exploration [J]. Energy Conversion and Management, 2008, 49(3): 412 – 435.

[26] CHOUEIRI E Y, POLZIN K A. Faraday acceleration with radio frequency

assisted discharge [C]// 40th AIAA/SAE/ASME/ASEE Joint Propulsion Conference, 2004.

[27] POLZIN K A. Faraday accelerator with radio-frequency assisted discharge (FARAD) [D]. Princeton: Princeton University, 2006.

[28] POLZIN K A, ROSE M F, MILLER R, et al. Design of a low-energy FARAD thruster [C]// 43rd AIAA/SAE/ASME/ASEE Joint Propulsion Conference, 2007.

[29] POLZIN K A, ROSE M F, MILLER R, et al. Laboratory-model integrated-system FARAD thruster [C]// 44th AIAA/SAE/ASME/ASEE Joint Propulsion Conference, 2008.

[30] POLZIN K A, ROSE M F, MILLER R. Operational characteristics and plasma measurements in a low-energy FARAD thruster [C]// 44th AIAA/SAE/ASME /ASEE Joint Propulsion Conference, 2008.

[31] ADAM K M, ALEXANDRA D, RICHARD H E, et al. Design and Testing of a small inductive pulsed plasma thruster [C]// Joint Conference of the 30th International Symposium on Space Technology and Science, 2015.

[32] SEKINE H, KOIZUMI H, KOMURASAKI K. Azimuthal induced current formation and ion accleration in an inductive radiofrequency plasma thruster [C]// 36th International Electric Propulsion Conference, 2019.

[33] HALLOCK A K, CHOUEIRI E Y, POLZIN K A. Current sheet formation in a conical theta pinch faraday accelerator with radio frequency assisted discharge [C]// 30th International Electric Propulsion Conference, 2007.

[34] HALLOCK A K, CHOUEIRI E Y. Effect of neutral density on the thrust of a conical theta pinch FARAD [C]// 44th AIAA/SAE/ASME/ASEE Joint Propulsion Conference, 2008.

[35] HALLOCK A K, POLZIN A K, EMSELLEM G D. Two-dimensional analysis of conical pulsed inductive plasma thruster performance [C]// 32nd International Electric Propulsion Conference, 2011.

[36] HALLOCK A K. Effect of inductive coil geometry on the operating characteristics of a pulsed inductive plasma accelerator [D]. Princeton: Princeton University, 2012.

[37] TURCHI P J, MIKELLIDES P G, SHAW P V, et al. Design of an experiment for compression and nozzle expansion of a field-reversed

configuration for advanced space propulsion[C]// 36th International Electric Propulsion Conference, 2019.

[38] POLZIN K A, CHOUEIRI E Y. Performance optimization criteia for pulsed inductive plasma acceleration [J]. IEEE Transactions on Plasma Science, 2006, 34(3): 945 – 953.

[39] POLZIN K A. Scaling and systems considerations in pulsed inductive plasma thrusters [J]. IEEE Transactions on Plasma Science, 2008, 36(5): 2189 – 2198.

[40] POLZIN K A, SANKARA K, RITCHIE A G, et al. Inductive pulsed plasma thruster model with time evolution of energy and state properties [J]. Journal of Physics D: Applied Physics, 2013, 46(47): 5201 – 5214.

[41] MARTIN A, ESKRIDGE R. Electrical coupling efficiency of inductive plasma accelerators [J]. Journal of Physics D: Applied Physics, 2005, 38(23): 4168 – 4179.

[42] MARTIN A K. Performance scaling of inductive pulsed plasma thrusters with coil angle and pulse rate[J]. Journal of Physics D Applied Physics, 2016, 49(2): 1.

[43] FRESE M H. MACH2: a two-dimensional magnetohydrodynamics simulation code for complex experimental configurations [R]. Air Force Weapons Iaboratory, 1987.

[44] MIKELLIDES P G. Numerical simulations of the pulsed inductive thruster [C]// 38th AIAA/ASME/SAE/ASEE Joint Propulsion Conference & Exhibit, 2002.

[45] MIKELLIDES P G, NEILLY C. Pulsed inductive thruster, part 1: modeling, validation and performance analysis[C]// 40th AIAA/ASME/SAE/ASEE Joint Propulsion Conference & Exhibit, 2004.

[46] ALLISON D L, MIKELLIDES P G. Pulsed inductive thruster, part 2: two-temperature thermochemical model for ammonia[C]// 40th AIAA/ASME/SAE/ASEE Joint Propulsion Conference & Exhibi, 2004.

[47] GOODMANM, KAZEMINEZHAD F, OWENS T. Pulsed plasma accelerator modeling[R]. Fairmont: The Institue for Scientific Research, Inc., 2009.

[48] MIKELLIDES P G, NEILLY C. Modeling and performance analysis of the pulsed inductive thruster [J]. Journal of Propulsion and Power, 2007,

23(1)：51 –58.

[49] MIKELLIDES P G, RATNAYAKE N. Modeling of the pulsed inductive thruster operating with ammonia propellant [J]. Journal of Propulsion and Power, 2006, 23(4)：854 –862.

[50] MIKELLIDES P G, VILLARREAL J K. High energy pulsed inductive thruster modeling operating with ammonia propellant [J]. Journal of Applied Physics, 2007, 102(10)：2938 –2945.

[51] MIKELLIDES P G, VILLARREAL J K. Numerical modeling of a low energy pulsed inductive thruster [C]// 44th AIAA/ASME/SAE/ASEE Joint Propulsion Conference & Exhibit, 2008.

[52] VILLARREAL J K. Numerical modeling of a high efficiency low energy pulsed inductive thruster for space applications[C]// 47th AIAA Aerospace Sciences Meeting Including The New Horizons Forum and Aerospace Exposition, 2009.

[53] LOVBERG R H, HAYWORTH B R, GOODING T. The use of a coaxial plasma gun for plasma propulsion [R]. Convair/General Dynamics, 1962.

[54] 陈景亮, 姚学玲, 孙伟. 脉冲电流技术[M]. 西安：西安交通大学出版社, 2008.

[55] LOVBERG R H, DAILEY C L. A light weight efficient argon electric thruster [C]// 16th AIAA/JSASS/DGLR International Electric Propulsion Conference, 1982.

[56] 郭大伟. 重复脉冲式推力器的微量气体喷注器设计与测试研究[D]. 长沙：国防科技大学, 2018.

[57] GUO D W, CHENG M S, LI X K. Design and test of a simple fast electromagnetic inductive gas valve for planar pulsed inductive plasma thruster [J]. Review of Scientific Instruments, 2017, 88(10)：105101.

[58] 车碧轩. 感应式脉冲等离子体推力器感应线圈设计研究[D]. 长沙：国防科技大学, 2015.

[59] 成玉国, 夏广庆. 感应式脉冲推力器中等离子体加速数值研究[J]. 物理学报, 2017(66)：328 –339.

[60] 吴其芬, 李桦. 磁流体力学[M]. 长沙：国防科技大学出版社, 2007.

[61] SANKARAN K. Simulation of plasma flows in self-field Lorentz force accelerators [D]. Princeton：Princeton University, 2005.

［62］ CHEN F F. Introduction to plasma physics and controlled fusion：volume 1：plasma physics［M］. Berlin：Springer，1974.

［63］ 陈熙.高温等离子体物理［M］.北京：科学出版社，2003.

［64］ ANDERSON J D. Modern compressible flow［M］. New York：McGraw-Hill，2003.

［65］ WHITE F M. Viscous fluid flow［M］. New York：McGraw-Hill，2006.

［66］ 戈鲁，赫兹若格鲁.电磁场与电磁波：第二版［M］.周克定，等，译.北京：机械工业出版，2005.

［67］ 田正雨.高超声速的磁流体力学控制数值模拟研究［D］.长沙：国防科学技术大学，2010.

［68］ LEVEQUE R J，MIHALAS D，DORFIE A，et al. Computational methods for astrophysical fluid flow［M］. Berlin：Springer，1998.

［69］ 邓雷，吴细秀，汪本进，等.利用三维有限元法计算复杂结构线圈电感［J］.工程控制学报，2013，3(3)：162－170.

［70］ 朱义胜.平面螺旋电感的计算和仿真研究［D］.大连：大连海事大学，2007.

［71］ MAXWELL J C. A treatise on electricity and magnetism［M］. New York：Dover，1873.

［72］ RAIZERYP. Gas discharge physics［M］. Berlin：Springer，1997.

［73］ SPARKSW M，FISCHEL D. Partition functions and equations of state in plasmas［R］. 1971.

［74］ 李庆扬，莫孜中，祁力群.非线性方程组的数值解法［M］.北京：科学出版社，1997.

［75］ 安德森.高温气体动力学［M］.杨永，李栋，译.北京：航空工业出版社，2019.

［76］ HEIERMANNJ，AUWETER-KURTZ M，SLEZIONA P C. Adaptive computation of the current carrying plasma in an MPD rocket thruster in time-dependent magnetohydrodynamics：anayltical，numerical，and application aspects［Z］. 1998.

［77］ SPITZER L. Physics of fully ionized gases［M］. New York：Interscience，1956.

［78］ MITCHNER M，CHARLES H，KRUGER J. Partially ionized gases［M］. New York：John Wiley，1994.

［79］ POST D E，JENSEN R V，TARTER C B，et al. Steady state radiative cooling rates for low-density high-temperature plasmas［J］. Atomic Data and Nuclear Data Tables，1977，20(5)：397 −439.

［80］ TANNEHILL J D，ANDERSON D A，PLETCHER R H. Computational fluid mechanics and heat transfer ［M］. Oxfordshire：Taylor & Francis，1997.

［81］ 阎超.计算流体力学方法及应用［M］.北京：北京航空航天大学出版社，2006.

［82］ COMSOL Inc. COMSOL multiphysics reference manual ［Z］. 2017.

［83］ 卡兰塔洛夫.电感计算手册［M］.北京：机械工业出版社，1986.

［84］ 刘玉魁.真空工程设计［M］.北京，化学工业出版社，2016.

［85］ NAWAZ A，LAU M，HERDRICH G，et al. Investigation of the magnetic field in a pulsed plasma thruster［J］. AIAA Journal，2008，46 (11)：2881 −2889.

［86］ EVERSON E T，PRIBYL P，CONSTANTIN C G，et al. Design，construction，and calibration of a three-axis，high-frequency magnetic probe (B-dot probe) as a diagnostic for exploding plasmas［J］. Review of Scientific Instruments，2009，80(11)：113505.

［87］ LOVBERG R H. Magnetic probes：plasma diagnostic techniques［M］. New York：Academic Press，1965.

［88］ ISHII M，KETZLER R，ALBRECHT M，et al. Improvement of formula and uncertainty of the reference magnetic field for AC magnetometer calibration ［J］. IEEE Transactions on Instrumentation and Measurement，2013，62(6)：1443 −1449.

［89］ 孙敏杰.基于亥姆霍兹线圈的磁场探头校准研究［D］.北京：北京交通大学，2014.

［90］ DAILEY C L. Thrust measurement for a pulsed inductive thruster［R］. California：TRW Systems Group，1970.

［91］ DAILEY C L，LOVBERG R H. Pulsed inductive thruster development (advanced electric propulsion technology-high thrust)［R］. California：TRW Defense and Systems Group，1980.

［92］ WIRZ R，GOEBELD，MARRESEC，et al. Development of cathode technologies for a miniature ion thruster［C］// 39th AIAA/ASME/SAE/ASEE Joint Propulsion Conference and Exhibit，2003.

［93］ PROCTOR D L，ALBERT D R，DAVIS H F. Improved piezoelectric actuators for use in high-speed pulsed valves [J]. Review of Scientific Instruments, 2010, 81(2): 54 – 82.

[94] ANTROPOV N. Laboratory investigation of pulsed plasma thruster with gas valves [C] // MICCI M M, KETSDEVER A D. Micropropulsion for Small Spacecraft. Reston: American Institue of Aeronautics and Astronautics, Inc. , 2000.

[95] MICHAEL M B, JOHANSEN P, HENRIK C, et al. Optimum design of a moving coil actuator for fast-switching valves in digital hydraulic pumps and motors [J]. IEEE/ASME Transactions on Mechatronics, 2015, 20(6): 2761 – 2769.

[96] SONG Y, COLEMAN P, FAILOR B, et al. Valve and nozzle design for injecting a shell-on-shell gas puff load into a Z pinch [J]. Review of Scientific Instruments, 2000, 71(8): 3080 – 3084.

[97] GROUCHY P W L D, ROSENBERG E , QI N et al. Characterization of the COBRA triple-nozzle gas-puff valve using planar laser induced fluorescence [C]//9th International Conference on Dense Z Pinches, 2014, 1639(1): 43 – 46.

[98] KRISHNAN M, ELLIOTTK W, MADDENR E, et al. Architecture, implementation, and testing of a multiple-shell gas injection system for high current implosions on the Z accelerator [J]. Review of Scientific Instruments, 2014, 84(6): 63504.

[99] SAVTCHKOV A, FINKEN K H, MANK G. Development of a fast valve for mitigating disruptions in tokamaks [J]. Review of Scientific Instruments, 2002, 73(10): 3490 – 3493.

[100] BOZHENKOV S A, FINKEN K H , LEHNEN M, et al. Main characteristics of the fast disruption mitigation valve [J]. Review of Scientific Instruments, 2007, 78(3): A269.

[101] LUO Y H, CHEN Z Y, TANG Y, et al. Designing of the massive gas injection valve for the joint texas experimental tokamak [J]. Review of Scientific Instruments, 2014, 85(8): 83504.

[102] RAMAN R, JARBOE T. R, NELSON B A, et al. Design and operation of a fast electromagnetic inductive massive gas injection valve for NSTX-U [J]. Review of Scientific Instruments, 2014, 85(11): 1410.

[103] ZHUANG H D, ZHANG X D. Fast valve based on double-layer eddy-current repulsion for disruption mitigation in experimental advanced superconducting tokamak [J]. Review of Scientific Instruments, 2015, 86(5): 2251.

[104] KRISHNAN M, ELLIOTT K W. Electromagnetically driven, fast opening and closing gas jet valve [J]. Review of Modern Physics, 2011, 14(3): 1073 – 1096.

[105] MILANESE M M, POUZO J O, CORTÁZAR O D, et al. Fast valve and nozzle for gas-puff operation of dense plasma focus [J]. Review of Scientific Instruments, 2006, 77(3): 36106.

[106] LOEBNER K T K, UNDERWOOD T C, CAPPELLI M A. A fast rise-rate, adjustable-mass-bit gas puff valve for energetic pulsed plasma experiments [J]. Review of Scientific Instruments, 2015, 86(6): 305.

[107] NOVAK B, PEKAREK S. A fast acting all-metal gas valve for plasma research [J]. Review of Scientific Instruments, 1970, 41(3): 369 – 373.

[108] BOZHENKOV S. Analysis of disruptions and their mitigation using ultra-fast observation systems [D]. Bochum: Ruhr-Universität Bochum, 2007: 37 – 40.

[109] BURGESS T J, CNARE E, OBERKAMPF W, et al. The electromagnetic q gun and tubular projectiles [J]. IEEE transactions on magnetics, 1982, 18(1): 46 – 59.

[110] ANDREWS J A, DEVINE J R. Armature design for coaxial induction launchers [J]. IEEE Transactions on Magnetics, 1991, 27(1): 639 – 643.

[111] HOYLE A R, GREGORY K, SMITH I R. A recoilless electromagnetic launcher for model validation [J]. Journal of Physics D: Applied Physics, 2000, 33(2): 120 – 126.

[112] KAYE R J. Operational requirements and issues for coilgun electromagnetic launchers [J]. IEEE Transactions on Magnetics, 2005, 41(1): 194 – 199.

[113] ROODENBURG B, EVENBLIJ B H. Design of a fast linear drive for (hybrid) circuit breakers-development and validation of a multi domain simulation environment [J]. Mechatronics, 2008, 18(3): 159 – 171.

[114] 李庆民, 刘卫东, 钱家骊. 电磁推力机构的一种分析方法[J]. 电工技术学报, 2004, 19(2): 20 – 24.

[115] 武瑾, 庄劲武, 王晨, 等. 电磁斥力机构数学模型的简化与求解[J]. 中国电机工程学报, 2013, 33(24): 175 – 181.

[116] NOVAC B M, KAASHIF O, GRANEAU N, et al. Numerical modelling of a flyer plate electromagnetic accelerator [J]. IEEE Transactions on Plasma Science, 2012, 40(10): 2300 – 2311.

[117] NOVAC B M, SMITH I R, ENACHE M C. Accurate modeling of the proximity effect in helical flux-compression generators [J]. IEEE Transactions on Plasma Science, 2000, 28(5): 1353 – 1355.

[118] MIELKE C H, NOVAC B M. Experimental and numerical studies of megagauss magnetic-field generation at LANL-NHMFL[J]. IEEE Transactions on Plasma Science, 2010, 38(8): 1739 – 1747.

[119] LUO J, NOVAC B M, SMITH I R, et al. Fast and accurate two-dimensional modelling of high-current, high-voltage air-cored transformers[J]. Journal of Physics D: Applied Physics, 2005, 38(6): 955 – 963.

[120] SARKAR P, NOVAC B M, SMITH I R, et al. 2D modelling of skin and proximity effects in Tesla transformers [C]// IEEE International Power Modulators and High Voltage Conference, 2008.

[121] PAESE E, GEIER M, HOMRICH R P, et al. A coupled electric-magnetic numerical procedure for determining the electromagnetic force from the interaction of thin metal sheets and spiral coils in the electromagnetic forming process [J]. Applied Mathematical Modelling, 2015, 39(1): 309 – 321.

[122] TAKATSU N, KATO M, SATO K, et al. High-speed forming of metal sheets by electromagnetic force[J]. Japan Society of Mechanical Engineers International Journal Series III, 1988, 31(1): 142 – 148.

[123] MERICHED A, FÉLIACHIM, MOHELLEBI H. Electromagnetic forming of thin metal sheets [J]. IEEE Transactions on Magnetics, 2000, 36(4): 1808 – 1811.

[124] AKRAM M S, TERADA Y, KEIICHIRO I, et al. Coupled circuit numerical analysis of eddy currents in an open MRI system[J]. Journal of Magnetic Resonance, 2014, 245(8): 1 – 11.

[125] CORREIA J P M, SIDDIQUI M A, AHZI S, et al. A simple model to simulate electromagnetic sheet free bulging process [J]. International Journal of

Mechanical Sciences, 2008, 50(10): 1466 – 1475.

[126] OLIVEIRA D A, WORSWICK M J, FINN M, et al. Electromagnetic forming of aluminum alloy sheet: free-form and cavity fill experiments and model [J]. Journal of Materials and Processing Technology, 2005, 170(1): 350 – 362.

[127] CAO Q. Dyanmics analysis of electromagnetic sheet metal forming process using finite element method [J]. International Journal of Advanced Manufacture Technology, 2014, 74: 361 – 368.

[128] CAO Q L, HAN X T, LAI Z P, et al. Analysis and reduction of coil temperature rise in electromagnetic forming [J]. Journal of Materials Processing Technology, 2015, 225: 185 – 194.

[129] ICHIMURA K, FUKUMOTO M, ISLAM M M, et al. Measurement of neutral gas pressure in the D-module of GAMMA 10/PDX by using ASDEX type fast ionization gauge [J]. Review of Scientific Instruments, 2016, 87 (11): 956 – 962.

[130] SCHULZ G J, PHELPS A V. Ionization gauges for measuring pressures up to the millimeter range [J]. Review of Scientific Instruments, 1957, 28(12): 1051 – 1054.

[131] 郭元恒, 吴思诚. 关于电离真空规测量上限非线性的探讨[J]. 物理学报, 1979, 28(2): 250 – 257.

[132] GENTRY W R, GIESE C F. Ten-microsecond pulsed molecular beam source and a fast ionization detector [J]. Review of Scientific Instruments, 1978, 49(5): 598 – 600.

[133] KEYSER C J, DEMBINSKI M, JOHN P K. Fast pulsed gas valve [J]. Review of Scientific Instruments, 1980, 51(4): 425 – 426.

[134] THOMAS J C, HWANG D Q, HORTON R D, et al. A simple fast pulse gas valve using a dynamic pressure differential as the primary closing mechanism [J]. Review of Scientific Instruments, 1993, 64(6): 1410 – 1413.

[135] INUTAKE M, KURIKI K. Fast ionization gauge studies of quasisteady gas injection into vacuum [J]. Review of Scientific Instruments, 1972, 43(11): 1670 – 1674.

[136] 王欲知. 高压强电离真空计的基本理论[J]. 成都电讯工程学院学报, 1981(3): 37 – 45.

[137] 孙企达，陈建中.真空测量与仪表[M].北京：机械工业出版社，1981.

[138] 王文祥.真空电子器件[M].北京：国防工业出版社，2012.

[139] LOWDER R S, HOH F C. Fast gas valve for plasma research [J]. Review of Scientific Instruments, 1962, 33(11)：1236－1238.

[140] VALSAMAKIS E A. Ionization gauge for transient gas pressure measurements [J]. Review of Scientific Instruments, 1966, 37(10)：1318－1320.

[141] KUSWA G, STALLINGS C, STAMM A. Improved fast opening gas puff valve [J]. Review of Scientific Instruments, 1970, 41：1362－1363.

[142] DEGNAN, JAMES H. Electromagnetic implosions of cylindrical gas "Shells"[J]. Journal of Applied Physics, 1981, 52(11)：6550－6561.

[143] PEDROW P D, NASIRUDDIN A M. Experimental study of CF4 conical theta pinch plasma expanding into vacuum [J]. IEEE Transactions on PlasmaScience, 1989, 17(1)：17－23.

[144] PEDROW P D, NASIRUDDIN A M, MAHALINGAM R. Unsteady adiabatic isentropic expansion of gas into vacuum from a toroidal puff valve [J]. Journal of Applied Physics, 1990, 67(10)：6109－6113.

[145] UEDA M, GREENLY J B, RONDEAU G D, et al. Inductively driven gas-breakdown plasma source for intense ion beam production [J]. Review of Scientific Instruments, 1993, 64(10)：2737－2745.

[146] DETHLEFSEN R, MCNAB I. Pulse power applications of silicon diodes in EML capacitive pulsers [J]. IEEE Transactions on Magnetics, 1993, 29(1)：934－938.

[147] 张英会.弹簧[M].北京：机械工业出版社，1982.

[148] 初红艳.平板件电磁成形的质量保证及时的研究[D].北京：北京工业大学，2003.

[149] BABIC S, AKYEL C. New formulas for mutual inductance and axial magnetic force between magnetically coupled coils：thick circular coil of the rectangular cross-section-thin disk coil (pancake) [J]. IEEE Transactions on Magnetics, 2013, 49(2)：860－868.

[150] GROVER F W. Inductance calculations：working formulas and tables [M]. New York：Dover Publications, Inc., 1982.

[151] 王伟，邓涛，赵树高.橡胶 Mooney-Rivlin 模型中材料常数的确定[J].特种橡胶制品，2004，25(4)：8－10.

[152] LIAO C, HUANG W, WANG Y, et al. Fluid-solid interaction model for hydraulic reciprocating o-ring seals [J]. Chinese Journal of Mechanical Engineering, 2013, 26(1): 85 – 94.

[153] 王伯年. PVTt 法气体流量标准装置参数的选择与确定[J]. 仪器仪表学报, 2001, 22(2): 143 – 145.

[154] 胡汉泉, 王迁. 真空物理与技术及其在电子器件中的应用(上册)[M]. 北京: 国防工业出版社, 1982.

[155] 徐学基, 诸定昌. 气体放电物理[M]. 上海: 复旦大学出版社, 1996.

[156] 王欲知. 理想繁流放电微观理论[J]. 电子学报, 1964, 3(3): 1 – 23.

[157] KELLY J W. A method for extending the life of oxide-coated filaments in hot cathode ionization gauges [J]. Journal of Scientific Instruments, 1962, 39(9): 473 – 474.

[158] RAPP D, ENGLANDER-GOLDEN P E. Total cross sections for ionization and attachment in gases by electron impact. I. positive ionization [J]. Journal of Chemical Physics, 1965, 43(5): 1465 – 1479.